扁豆分子标记技术应用、抗旱机理研究及基因 *LpMYB*1-*like* 克隆

袁 娟 姚陆铭 著

黑龙江大学出版社

HEILONGJIANG UNIVERSITY PRESS

哈尔滨

图书在版编目（CIP）数据

扁豆分子标记技术应用、抗旱机理研究及基因 *LpMYB*1-*like* 克隆 / 袁娟，姚陆铭著． -- 哈尔滨 ：黑龙江大学出版社，2023.8（2025.4 重印）

ISBN 978-7-5686-1030-8

Ⅰ．①扁… Ⅱ．①袁… ②姚… Ⅲ．①扁豆—分子标记—抗旱性—研究 Ⅳ．① S643.5

中国国家版本馆 CIP 数据核字（2023）第 173247 号

扁豆分子标记技术应用、抗旱机理研究及基因 *LpMYB*1-*like* 克隆
BIANDOU FENZI BIAOJI JISHU YINGYONG、KANGHAN JILI YANJIU JI JIYIN *LpMYB*1-*like* KELONG

袁 娟 姚陆铭 著

责任编辑	李 卉 俞聪慧	
出版发行	黑龙江大学出版社	
地　址	哈尔滨市南岗区学府三道街 36 号	
印　刷	三河市金兆印刷装订有限公司	
开　本	720 毫米 ×1000 毫米 1/16	
印　张	16	
字　数	261 千	
版　次	2023 年 8 月第 1 版	
印　次	2025 年 4 月第 2 次印刷	
书　号	ISBN 978-7-5686-1030-8	
定　价	64.00 元	

本书如有印装错误请与本社联系更换，联系电话：0451-86608666。

前　言

　　扁豆具有抗干旱、耐盐碱、耐高温等特性,对各种土质有广泛的适应性。扁豆栽培历史悠久,分布广泛。我国具有丰富的地方扁豆种质资源,上海、江苏、湖南等进行了扁豆规模化种植。上海是我国扁豆规模化种植面积较大、栽培技术较先进的地区。

　　选育早熟、高产、抗旱的新品种成为当前扁豆育种的重要方向。关于扁豆遗传多样性、抗旱性状遗传特性、抗旱基因调控机理等方面的研究鲜有报道。笔者对扁豆进行遗传多样性分析、遗传图谱构建、抗旱性状 QTL 定位并对扁豆抗旱密切相关基因进行研究,这对扁豆遗传改良和分子育种具有重要意义。

　　笔者收集了来自多个国家/地区的扁豆资源,利用分子标记技术进行遗传多样性分析,利用农艺性状具有明显差异的眉豆 2012、南汇 23 杂交获得的 F_2 群体构建扁豆遗传图谱,并将花序性状、果实性状、生育期性状、与干旱胁迫相关的农艺性状在遗传图谱中进行 QTL 定位;通过 SSH 文库系统研究干旱胁迫条件下扁豆发生变化的基因并得到相关的转录因子。本书分为绪论、扁豆苗期干旱胁迫的反应、扁豆 F_2 群体的遗传图谱构建、扁豆花序性状 QTL 定位、扁豆果实性状和生育期性状 QTL 定位、扁豆遗传多样性分析、扁豆重组自交系群体的遗传图谱构建及抗旱 QTL 分析、扁豆苗期抗旱机理研究及 *LpMYB*1-*like* 克隆。在本书编写过程中,笔者参考和引用了大量文献和资料,在此向各位前辈和同行致以衷心的感谢。上海市浦东新区农业技术推广中心的何秀萍、郑晓蕾、王招程、陈建才、潘春丹、陈春雷参与了本书的校正和修改,对此一并感谢。

　　由于时间和水平有限,书中难免有疏漏和不足之处,敬请读者批评指正。

目　　录

第 1 章　绪论

1.1 扁豆概述

扁豆为豆科扁豆属 2 倍体($2n=14$)植物,现主要分布于热带及亚热带地区。扁豆是多年生缠绕藤本植物;全株几无毛,茎长可达 6 m,常呈淡紫色;羽状复叶具 3 小叶;托叶基着,披针形;小托叶线形,长 3~4 mm;小叶宽三角状卵形,长 6~10 cm,宽与长约相等,侧生小叶两边不等大,偏斜,先端急尖或渐尖,基部近截平。

总状花序直立,长 15~25 cm,花序轴粗壮,总花梗长 8~14 cm;小苞片 2,近圆形,长 3 mm,脱落;花 2 至多朵簇生于每一节上;花萼钟状,长约 6 mm,上方 2 裂齿几完全合生,下方的 3 枚近相等;花冠白色或紫色,旗瓣圆形,基部两侧具 2 枚长而直立的小附属体,附属体下有 2 耳,翼瓣宽倒卵形,具截平的耳,龙骨瓣呈直角弯曲,基部渐狭成瓣柄;子房线形,无毛,花柱比子房长,弯曲不逾 90°,一侧扁平,近顶部内缘被毛。荚果长圆状镰形,长 5~7 cm,近顶端最阔,宽 1.4~1.8 cm,扁平,直或稍向背弯曲,顶端有弯曲的尖喙,基部渐狭。种子 3~5 颗,扁平,长椭圆形,在白花品种中为褐色,在紫花品种中为紫黑色;种脐线形,长约占种子周围的 2/5。花期 4~12 月。扁豆示意如图 1-1 所示。

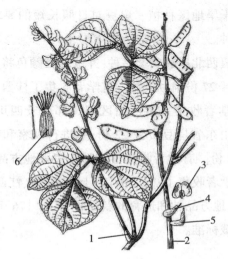

1—花枝;2—果枝;3—旗瓣;4—翼瓣;5—龙骨瓣;6—雄蕊。

图 1-1 扁豆示意

扁豆用途广泛。在澳洲亚热带和热带地区,扁豆是一种重要的一年生草料作物。在亚洲东南和南部地区,扁豆通常作为可食性作物。在非洲,扁豆既当作粮食,又当作蔬菜。我国主要收获扁豆嫩荚作为蔬菜。有的地方以青豆和嫩叶为蔬菜。扁豆营养丰富,味道鲜美,蛋白质、矿物质、几种主要维生素含量均高于菜豆,赖氨酸和苯丙氨酸含量高。研究表明,扁豆中维生素 A、B 族维生素、维生素 C 含量较高,是豆类中良好营养品之一。扁豆还具有一定的药用价值,味辛甘、性平、有小毒,可入药。扁豆衣健脾、化湿。扁豆根可治便血、痔漏、淋病。扁豆对脾胃虚弱导致的食欲不振、腹泻、呕吐等症状具有一定的治疗效果。

扁豆种子和荚可作为家畜精料、绿肥、青饲料。扁豆的新鲜茎叶含有丰富的营养成分,是家畜的优良饲料;豆秸亦可晒干作为饲料。扁豆秸秆可作为牛饲料的有效补充饲料。扁豆可以作为绿肥作物。以扁豆为绿肥比以田菁属作物为绿肥对农作物的增产效果更佳。

扁豆为草本植物,具有优良的品质,生育期显著长于其他作物。扁豆有发达的主根,侧根多,有发育良好的不定根,能够深入土壤,因此对环境胁迫(如干旱、盐碱、高温等)有很强的耐受能力,并能够在各种土质中生长。扁豆能产生大量的绿肥。扁豆具有极强的固氮能力,能提高土壤中氮素水平,增加后茬作物的蛋白质含量和产量。作为旱地作物,扁豆可以在年平均降水量为 400 ~ 900 mm 的干旱、半干旱地区种植。扁豆对日照长短的要求不严格,有短日性、中日性和长日性品种。

有学者收集了滇西北扁豆农家品种,并按籽粒颜色将其分为 3 种类型。有学者收集了黔南地区 27 份扁豆资源。有学者收集了桂西山区扁豆资源 49 份,并进行了鉴定。有学者收集了秦巴山区四川部分及四川西南部扁豆资源 32 份。有学者收集了山东省扁豆资源 22 份,并进行观察和整理。有学者收集了湖南省扁豆资源 92 份。有学者收集了吉林省扁豆地方品种 9 个,对其进行了花粉形态观察。有学者收集了江苏、浙江、上海、安徽、江西、贵州、湖北、福建等地的扁豆农家品种、地方品种和选育的新品种,共计 176 个,并制定了扁豆品种特征特性术语及记载标准。

1.2 植物对干旱胁迫的响应

植物在自然环境中生长时会受到各种生物及非生物胁迫,从而影响植物的生长发育。干旱是植物所受非生物胁迫之一,温室效应的加剧及全球环境的变化导致干旱将持续并更严重影响植物生长。

干旱胁迫(特别是极端干旱胁迫)会使植物生长发育受到不同程度的影响,甚至造成植物的非正常死亡。抗旱植物是在干旱胁迫下能够继续生长或受影响程度低的植物。有学者利用植物表型特征及生理指标的改变对植物在干旱胁迫下不同的表现进行分析,研究表明,植物对干旱胁迫的响应机制有多种,主要可以分为 3 类,即避旱、耐旱、逃旱。干旱抗性实验指标及其相对应的干旱抗性类型如表 1-1 所示。

表 1-1 干旱抗性实验指标及其相对应的干旱抗性类型

指标	干旱抗性类型	遗传变异性	数值精确程度
干物质量	避旱	中	中
蒸腾效率	避旱	中	中
相对含水量	避旱	中	中
气孔导度	避旱	高	高
叶片温度	避旱	低	高
碳同位素衰减	避旱	低	较高
叶片角质层特征	避旱	未知	未知
根长	避旱	低	高
根干物质量	避旱	中	中
渗透势	耐旱	中	高
氧化反应	耐旱	未知	未知
叶片特化区域	逃旱	低	中

续表

指标	干旱抗性类型	遗传变异性	数值精确程度
早熟	逃旱	高	高

1.2.1　避旱

避旱是植物在受到外界干旱胁迫时,通过自身调节维持体内水势平衡。植物通过避旱维持自身在干旱环境的生长主要通过减少蒸腾,更多地从土壤中汲取水分和营养,等等。

1.2.1.1　叶片控制水分散失

植物避旱机制的第 1 步是气孔的闭合,从而使植物能够适应水分亏缺状态,使体内水势可以维持平衡。气孔导度作为气孔闭合程度的衡量指标,反映了植物气孔的密度、大小及开合程度。研究表明,较高的气孔密度能够使植株种子数量减少,对干旱的适应性减弱。有学者以木豆为实验材料进行研究,研究表明,气孔导度在衡量植物对干旱的适应程度方面的重要性远高于其他指标(如相对含水量、水分利用效率等)。气孔在特定环境条件下的表现影响植物水分利用效率及蒸腾效率,因此气孔导度已成为衡量植物对干旱的适应性的重要指标之一。

叶片温度及叶片在自然条件下的萎蔫是植物水分亏缺的表型变化之一。干旱条件下,气孔导度的变化导致植物蒸腾效率降低,从而使叶片温度上升。当气孔完全关闭时,植物仍存在一定的蒸腾现象,这种现象在气孔密度高的植物中更明显。研究表明:叶片温度与蒸腾效率正相关,与气孔导度负相关;在水分亏缺状态下这种关系仍然存在。

植物角质层中的蜡质能够覆盖植物表面,从而使植物免受生物、非生物胁迫。研究表明:在转基因苜蓿中,干旱胁迫能够促进蜡质形成并提高植株的抗旱能力;干旱胁迫下,大豆能够通过促进蜡质的形成提高自身的抗旱能力;干旱胁迫下,蜡质层的增加并不能降低豌豆的蒸腾效率。关于扁豆中蜡质含量的增加对干旱胁迫响应的影响的研究鲜有报道。

1.2.1.2　根系吸收水分及营养

根系性状的不同会使植物在相同的干旱条件下出现缺水表现所需的时间及表现的程度产生差异。根系性状中较重要的性状是根系深度。根系深度越大,植物对土壤深处的水分利用效率越高。根系深度差异会导致对干旱的适应性差异。

研究表明,根系深度在多种作物(如多年生咖啡、一年生高粱)中与植株对干旱的适应性具有相关性。研究表明:豆科植物木豆根系较浅,一般为 50～90 cm,其对干旱的适应性较差;鹰嘴豆根系深度能够达到 120 cm,其对干旱的适应性较好。扁豆具有发达的根系,能较好地适应干旱;不同扁豆资源根系性状存在显著差异,因此对干旱的适应性具有不同的表现。

浅层根系对表层土壤中水分及营养的吸收具有不可或缺的作用。对于发达的二维根系系统,深层根系能更好地吸收水分,浅层根系对营养的吸收具有重要作用。具有较大根系深度及发达浅层根系的植物对干旱有较好的适应性。

其他根系性状(如根总体积、根系生物量、根系总长度、根系密度)也会对干旱的适应性产生影响。研究表明:根系生物量与植株地上部生物量具有相关性,鹰嘴豆根系生物量占植株总生物量的 30%～34%;根系生物量的增加使更多的光合产物用于根系的生长,从而使植株总生物量减少。只有当植物纵向根系和横向根系的长度、数量及生物量达到最优化时,植物才具有较好的对干旱的适应性。

1.2.2　耐旱

耐旱是植物为了适应干旱的外界环境、防止自身缺水,通过提高细胞水势,实现在高水势条件下仍能从外界吸收水分的机制。

在耐旱过程中,渗透调节是重要的生理调节机制。在渗透调节过程中,植物通过合成并积累某些渗透调节物质,使细胞能够适应水分亏缺的环境条件。这个过程中外界水势升高;植物为了能够继续从外界吸收水分,自身体内开始积累渗透调节物质(主要包括糖类、氨基酸、胺类等),以提高自身细胞内水势,从而能够在高水势条件下继续从外界吸收水分,维持植物正常的细胞膨压、气孔导度、光合作用等。研究表明:通过渗透调节维持细胞膨压,能够降低干旱胁迫对植物的有害影响;在干旱胁迫下,豌豆可溶性糖及脯氨酸积累量显著增加,干旱初期这些物质积累所发挥的作用大于后期;木豆也可通过积累渗透调节物质降低细胞内水势,但关于这种现象是否只由干旱胁迫引起的研究鲜有报道。关于扁豆干旱胁迫导致渗透调节现象的研究鲜有报道。

在干旱胁迫下,气孔关闭可以降低叶肉细胞间 CO_2 浓度,同时会导致 NADPH 及超氧自由基的增加,因此植物耐旱过程还包括保护植物免受氧化伤害(如 SOD 活性的提高),SOD 活性已成为植物耐旱的重要特征。关于干旱胁迫下扁豆相关酶类活性的研究鲜有报道。

1.2.3　逃旱

逃旱是植物通过自身调节或人为对植物生长进行调节,使植物生长周期中较重要的生长阶段能够避开环境干旱时期,从而降低干旱对植物生长发育的影响,使植物能够完成自身的生命周期。

末期干旱是植物在开花结荚时所受的干旱,是影响作物产量的重要因素之一;作物生长周期中经常会遭遇末期干旱,导致减产。一定的技术手段(如调整播种时间)能够减轻末期干旱对作物产量的影响,从而使植物开花结荚的时间发生变化,最终使末期干旱的影响最小化。研究表明:提早播种时间能够提高最终产量和植株开花后的水分利用效率;在寒冷气候地区,秋天播种冬季作物能够使植株形态提前建成、根系系统更发达。

1.3　分子标记

分子标记是以生物大分子的多态性为基础的遗传标记。分子标记技术的出现使植物育种的间接选择成为可能,大大提高了遗传分析的准确性和育种的有效性,因此在遗传育种领域越来越受重视。广义的分子标记包括同工酶和 DNA 标记,狭义的分子标记仅指 DNA 标记,这个界定现在被广泛采纳。本书也将分子标记概念限定在 DNA 标记范畴。

分子标记是电泳后能以一定的方法检测到反映基因组某种变异特征的

DNA 片段。这种 DNA 片段可以通过限制性内切酶切割、PCR 扩增或两者相结合获得。分子标记是基于 DNA 差异造成核酸多态性的遗传标记技术,由于直接以 DNA 为标记对象,故在植物生长发育的各个阶段都能够检测到,且不易受环境影响,不存在时间和空间上的特异性。分子标记广泛存在于植物基因组中,多态性高,表现中性,不会影响目标性状的表达,与不良性状无必然连锁关系。分子标记已成为遗传标记中应用较广泛的标记技术,应用于种质资源研究、遗传图谱构建、目的基因定位、分子标记辅助选择等方面。分子标记根据出现的时间及所用的技术差异,主要可以分为 3 类,即基于杂交的分子标记、基于 PCR 技术的分子标记、基于测序的分子标记。

1.3.1　基于杂交的分子标记

基于杂交的分子标记主要利用限制性内切酶酶切不同个体的基因组 DNA 后,用特异探针进行杂交,通过放射性自显影技术比较 DNA 的多态性,主要包括 RFLP 及 VNTR。

RFLP 是出现较早、应用较广泛的分子标记技术,它是一种共显性标记,能够在分离群体中区分纯合体及杂合体,提供标记位点完整的遗传信息;特点有分析所需 DNA 量较大,步骤较多,周期长,制备探针及检测成本高,成功率低。

1.3.2　基于 PCR 技术的分子标记

基于 PCR 技术的分子标记主要包括 RAPD、STS、AFLP。PCR 技术问世不久,便以简便、快速、高效等特点迅速成为分子生物学研究的有力工具,尤其在 DNA 标记技术的发展中具有重要作用。

RAPD 以 PCR 为基础,以 10 个核苷酸的 DNA 序列为引物,对基因组 DNA 进行扩增,具有扩增片段丰富、技术简单、需要样品量少、成本低等优点。该技术为显性标记,无法鉴别纯合子及杂合子,重复性差。

STS 是特定引物序列所界定的一类标记的统称。利用特异 PCR 技术的优点是产生的信息非常可靠,重复性高。这类分子标记主要包括 SSR、SCAR、CAPS、SRAP。

SSR 根据微卫星两侧的特定短序列设计引物并对重复序列进行扩增。它能够检测单一的多等位基因位点,呈共显性遗传,重复性高。

SCAR 由 RAPD 发展而来,是在 RAPD 的基础上将 RAPD 片段进行克隆测序,根据两端的序列设计特异性引物。与 RAPD 相比,SCAR 具有更高的重复性,标记为共显性。

CAPS 的引物针对特定位点设计,进行 PCR 扩增后,对产物进行限制性酶切,从而产生多态性片段。该技术与 RFLP 相同,所检测的多态性为酶切片段大小的差异。

SRAP 上游引物长 17 bp,对外显子区域进行特异扩增;下游引物长 18 bp,对内含子区域、启动子区域进行特异扩增。外显子序列中 GC 含量丰富,除了着丝粒区域基因密度较低外,基因在染色体上均匀分布,因此 SRAP 的上游引物以“GGCC”为核心序列,对外显子进行扩增。除此之外,不同个体之间在外显子区域存在高度保守性,仅仅对外显子进行扩增并不能产生丰富的多态性。富含 AT 的启动子及内含子区域的序列在不同个体之间存在较大差异,因此下游引物对该区域的扩增能够产生丰富的多态性。SRAP 具有简便高效、高产率、高共显性、高重复性等特点。

AFLP 多态性强,显示扩增片段有无显性标记。AFLP 是获得多态性效率较高的分子标记,现在已经用于遗传图谱构建、基因标记、DNA 指纹图谱鉴定、遗传多样性分析等。AFLP 难度较大,对操作人员的技术水平要求高。

1.3.3　基于测序的分子标记

基于测序的分子标记主要包括 SNP。同一位点的不同等位基因之间常常只有一个或几个核苷酸的差异,因此能够在分子水平上对单个核苷酸的差异进行检测。SNP 作为一种新的分子标记,可利用电泳或 DNA 芯片进行检测。

1.4　遗传图谱构建

遗传图谱又称连锁图谱,它是根据染色体上发生交换的位点及数值推算出来的、可以发生遗传交换的位点的直线排列图。遗传图谱上位点同位点之间的距离通常以 DNA 片段发生交换的频率厘摩(cM)表示。

当使用的标记类型及数量越多、用于绘制遗传图谱的分离群体越大时,得到的遗传图谱越精细。形态标记、生化标记、分子标记通常能用于遗传图谱构建;各种不同的分离群体由于构建方法不同,因此具有不同的特点。

如今,遗传图谱正向着高饱和化、实用化、通用化的趋势发展。增加遗传图谱中标记的密度和遗传图谱饱和度,可以为基因的图位克隆及数量性状的分析提供更精确的信息。将野生物种的优良基因信息导入遗传图谱可以使遗传图谱在研究工作中具有实用性,使遗传图谱能够在种内不同个体甚至种间进行交流,扩大使用范围。

1.4.1　分离群体

分离群体即作图群体,是遗传图谱构建的材料基础。只有构建一个特定的分离群体并获得该群体的标记多样性信息及数量性状的表型数据,才能展开遗传图谱构建、QTL 定位、重要基因图位克隆等工作。

根据构建分离群体的方法及特点,分离群体主要可以分为临时性分离群体、永久性分离群体、NIL 群体。

1.4.1.1　临时性分离群体

临时性分离群体是群体中每个个体的后代性状都会发生分离的分离群体。临时性分离群体主要包括 F_2 群体、$F_{2:3}$ 家系、$F_{2:4}$ 家系、回交群体等。

F_2 群体是遗传图谱构建及相关研究中较常用的群体。F_2 群体配制简单,除自交不亲和的材料外,都能够通过杂交配制而成,且所提供遗传信息量丰富;F_2 群体性状无法稳定遗传,个体之间观测值变异幅度大,故难以进行连续性研究。F_2 群体中的杂合基因型无法对显性标记进行很好的区分及鉴定,因此在利用 F_2 群体的同时,一般要采用 F_2 群体衍生的 $F_{2:3}$ 家系、$F_{2:4}$ 家系对 F_2 群体中纯合基因型、杂合基因型进行鉴定。有学者利用 RAPD 及 CAPS 对洋葱雄性可育及不可育品种进行杂交的 F_2 群体及其衍生的 $F_{2:3}$ 家系、$F_{2:4}$ 家系进行分析,并构建了 1 张高密度图谱,开发得到了与雄性不可育性状紧密连锁的分子标记。

回交群体是 2 个纯合亲本杂交所得的 F_1 群体,再与 2 个亲本其中之一进行回交所得到的遗传群体。回交群体中每个发生分离的基因位点处的 2 种基因型能够直接反映杂交 F_1 代配子的分离比例,故作图效率较高;由于同源染色体间重组交换概率减少 1/2,因此所提供信息量只有 F_2 群体的一半。有学者利用回交群体在野茶树中构建了 1 张包含 441 个 SSR、7 个 CAPS、2 个 STS、674 个 RAPD 的高密度图谱,覆盖长度为 1 218 cM。有学者在龙胆中利用具有 93 个单株的回交群体构建了遗传图谱,该图谱共有 19 个连锁群,包含 263 个标记位点(97 个 SSR、97 个 AFLP、39 个 RAPD、30 个 REMAP)。

临时性分离群体构建简单,能够在短时间内获得具有一定群体规模的分离群体,故在研究工作中常常利用临时性分离群体对植物进行初步遗传图谱构建。

1.4.1.2 永久性分离群体

永久性分离群体是群体中的个体在自交情况下,性状不会发生分离,并能够稳定遗传的分离群体。永久性分离群体主要包括重组自交系群体、DH 群体。永久性分离群体的不同家系间基因型存在差异,同一家系内部基因型保持一致,故能够在不同条件下进行多次重复实验并准确考察农艺性状。永久性分离群体特别适合于数量性状调查及抗性分析。

重组自交系群体是杂交后代经过连续多代自交而产生的分离群体。该群体中每一株系中的基因位点理论上都是纯合的,能够反复使用并不会导致基因及性状分离。重组自交系群体连锁的基因间发生重组交换的机会比临时性分离群体多,能够更精确地估计遗传图距;构建重组自交系群体需要耗费大量时间。有学者在大豆中利用具有 152 个单株的重组自交系群体将控制花期的 QTL 主效位点 qFT6 定位于 6 号染色体上。有学者利用 2 个重组自交系群体对水稻青枯抗性位点进行分析,发现 1 个 QTL 主效位点 qSH-8 能够解释 46% 的变异。

单倍体植株经过染色体加倍后形成的二倍体为 DH 群体。DH 群体一般通过花药培养诱导单倍体植株后,对染色体进行加倍处理得到。DH 群体中每个个体都是纯合的,能够稳定遗传。通过花药培养构建 DH 群体受培养技术条件限制,因此部分基因型不易得到,DH 群体无法有效估计显性效应。有学者在对硬质小麦叶片夹角性状的 QTL 定位过程中,利用具有 89 个单株的 DH 群体构建了包含 423 个标记的遗传图谱,研究表明:叶片夹角与植株生长阶段无显著关系,而与品种显著相关。有学者研究了小麦苗期根系性状,利用具有 150 个单株的 DH 群体对根长、根表面积等根系性状进行 QTL 定位,并将上述性状定位于 7 条染色体的 8 个位点上。

永久性分离群体中每个家系的基因位点都是纯合的,不会在后代遗传过程中发生性状分离,故可以较好地进行重复研究。重组自交系群体构建需要花费大量的时间,DH 群体构建存在一定的技术难度。永久性分离群体通常用于高密度图谱构建及 QTL 定位研究中。

1.4.1.3 NIL 群体

NIL 群体是除了某一特定基因片段存在差异外,其他遗传背景都相同的 2 个材料。NIL 群体通常通过连续多次回交而形成;基本特征是整个染色体组的绝大部分区域完全相同,只有个别甚至 1 个区段存在差异。利用 NIL 群体进行基因定位所需的分子标记要少于其他群体。NIL 群体能够有效地分离基因组中的 QTL 位点,消除遗传背景的干扰以及主效 QTL 对微效 QTL 的掩盖作用,对 QTL 精确定位具有重要作用。尽管 NIL 群体构建时间长、工作量大,但它在 QTL 分解和精确定位方面的独特优越性使 NIL 群体成为分离和克隆 QTL 的理想群体。

有学者将 NIL 群体用于小麦抗秆锈病基因 *Sr6/Sr*11 的定位。有学者利用 NIL 群体对水稻穗粒数性状进行 QTL 定位,共发现 3 个相关的 QTL 位点。有学者在陆地棉中利用 NIL 群体克隆到 1 个与棉花腺体发育相关的基因 *GhWD*40。

1.4.2 常用分离群体的特点

常用分离群体的特点如表 1-2 所示。在实际研究工作中,需要根据研究目的选择合适的分离群体,以达到准确、高效的目的。

表 1-2　常用分离群体的特点

群体	构建时间	操作难度	永久群体	定位精确性	可检测 QTL 效应
F_2	短	小	否	低	加性,显性,上位性
回交	短	自交作物大,杂交作物小	否	低	加性,显性,上位性
DH	短	自交作物大,杂交作物小	是	较高	加性,上位性
重组自交系	较长	相对较小	是	较高	加性,上位性
NIL	最长	大	是	最高	加性,显性,上位性

1.5　QTL 定位

QTL 定位是采用类似单基因定位的方法将 QTL 定位在遗传图谱上,从而确定 QTL 与遗传标记间的距离。由于数量性状是连续变异的且无法明确分组,因此,QTL 定位不能套用遗传学中的连锁分析方法,必须发展特殊的统计分析方法。有学者曾试图用形态标记分析数量性状多基因与主基因的连锁关系,但是此类标记数目有限,标记基因可能为隐性并存在多效作用,因此很难开展系统研究。有学者曾提出在分离群体中利用足够数量的标记构建数量性状遗传图谱,但未能得到广泛的应用。分子标记的迅速发展、各种饱和遗传图谱构建为 QTL 定位奠定了良好的基础。

常用 QTL 定位方法有基于标记的分析法,该方法可以推知该标记是否与 QTL 连锁。如果某标记与某个 QTL 连锁,那么在杂交后代中该标记与 QTL 就会发生一定程度的共分离,因此该标记的不同基因型在数量性状的分布、均值和方差上将存在差异,分析这种差异可推知该标记是否与 QTL 连锁。基于标记的分析法包括均值差比较法、性状-标记回归法、性状-QTL 回归法等。

1.5.1　QTL 定位方法

1.5.1.1　基于标记的分析法

（1）均值差比较法

均值差比较法是检验同一标记座位上不同基因型间数量性状的均值差异。若差异显著,则表明有 QTL 与该标记连锁。均值差比较法包括 t 测验法和方差分析法。每个标记有 2 种基因型的群体都可以使用 t 测验法。如果群体中每个标记有 3 种基因型(或尽管群体中每个标记只有 2 种基因型,但是实验设置了重复),则要采用方差分析法检测标记与 QTL 之间的连锁关系。均值差比较法的特点是简单直观,不能估计 QTL 具体位置和效应,灵敏度较低,一般不适用于 1 条染色体上存在多个 QTL 的情况。

（2）性状–标记回归法

性状–标记回归法是将个体的数量性状表型值对单个标记或多个标记的基因型进行回归分析,通常不能给出 QTL 位置和效应的估计值,但根据各标记回归系数的显著性能够判断可能存在 QTL 的染色体区域,因此可以利用连锁标记对目标 QTL 跟踪选择。

（3）性状–QTL 回归法

性状–QTL 回归法是将个体的数量性状表型值对假设存在的某个或某些 QTL 的基因型进行回归分析。QTL 的基因型需根据其相邻的单侧标记或双侧标记的基因型加以推断;若回归关系显著,则表明该 QTL 存在,并能估计该 QTL 的位置和效应。性状–QTL 回归法包括区间作图法、复合区间作图法、基于混合线性模型的复合区间作图法。

区间作图法是在个体数量性状观测值对双侧标记基因型指示变量的线性模型基础上,利用极大似然法对染色体上相邻标记构成的区间内任一点是否存在 QTL 进行似然比测验,进而获得效应的极大似然估计。该方法已广泛应用于植物的遗传研究中,并被认为是构建 QTL 图谱的标准方法。该方法有一定的缺点,比如:定位的 QTL 区间太宽;一个性状在同一染色体上有多个 QTL,常常会标错 QTL 的位置,导致 QTL 定位不准甚至出现错误。

复合区间作图法克服了区间作图法的缺陷,能利用多个遗传标记的信息。有学者发展了复合区间作图法,结合了区间作图法和多元回归特性,实现了同时利用多个遗传标记信息对基因组多个区间进行多个 QTL 的同步检验。复合区间作图法是不受检测区间之外 QTL 影响的区间检验,是通过在统计模型中拟合其他遗传标记以消除其他 QTL 的效应而实现的。这也是复合区间作图法与区间作图法的主要区别。该方法可减少剩余方差,提高发现和定位 QTL 的灵敏度和精确性。目前普遍认为复合区间作图法是同时标定多个 QTL 的较有效、精确的方法。有学者提出了基于最小二乘估计的复合区间作图法,该方法在计算上比基于最大似然估计更简单、快速。

基于混合线性模型的复合区间作图法是用随机效应的预测方法获得基因型效应及基因型×环境互作效应的 QTL 定位分析。基于混合线性模型的复合区间作图法是加性效应、显性效应及其与环境互作效应的混合线性模型,是可以分析包括上位性效应的各项遗传主效应及其与环境互作效应的 QTL 作图方法;这种方法在检测 QTL 上位性效应中,必须在基因组上进行二维搜索,因此计算时比较复杂。

(4)其他方法

贝叶斯模型选择法类似于基于混合线性模型的复合区间作图法,但优于基于混合线性模型的复合区间作图法。它能分析加性效应、显性效应、上位性效应等各项遗传主效应,主效 QTL 与环境的互作效应,主效 QTL 与主效 QTL 间的互作效应及其与环境互作效应。此方法是目前 QTL 定位方法中分析较细致、定位较全面的方法。

1.5.1.2　基于性状的分析法

基于性状的分析法以数量性状表型为依据进行分组。在 1 个分离群体中,选择高低 2 种极端表型个体,并将该分离群体分出 2 组。若某个标记与 QTL 有连锁,则它的基因型分离比例在 2 组中都会偏离孟德尔定律,检验这种偏离就能推知该标记是否与 QTL 连锁。基于性状的分析法中还有一种更简单的方法,即混合分离分析法;它是将高低 2 组极端表型个体的 DNA 分别混合,形成 2 个 DNA 池,然后分析 2 个池间的遗传多态性,在 2 个池间表现出差异的标记即被认为与 QTL 连锁。混合分离分析法克服了许多作物没有或难以创建相应 NIL

群体的限制,在自交和杂交物种中均有广泛的应用前景;对于尚无遗传图谱或遗传图谱饱和程度较低的植物,用此法是快速获得与目标基因连锁的分子标记的有效方法。基于性状的分析法可以减少分子标记分析的费用,但只能用于单个性状的 QTL 定位,灵敏度和精确度较低。TBA 法目前用得不多。

1.5.2　定位条件

QTL 定位要求目标性状在群体中分离明显,符合正态分布。当选择亲本时,应尽可能选择性状表现差异大和亲缘关系较远的材料。

1.5.3　QTL 精细定位

影响 QTL 初级定位灵敏度和精确度的重要因素是群体大小,但在实际研究中,限于费用和工作量,所用的初级群体不可能很大。即使没有上述问题,一个很大的群体也会给田间实验的具体操作和误差控制带来困难,所以使用很大的初级群体不切实际。由于群体大小的限制、无论怎样改进统计分析方法也无法使初级定位的分辨率或精度较高、估计出的 QTL 位置的置信区间一般都在 10 cM 以上,因此不能确定所检测出的 1 个 QTL 是 1 个效应很大的基因还是包含数个紧密连锁、效应较小的基因。为了更精确地了解数量性状的遗传基础,在初级定位的基础上还必须对 QTL 进行高分辨率的精细定位,即在目标 QTL 区域内建立高分辨率的分子标记图谱并分析目标 QTL 与这些标记间的连锁关系。

1.5.3.1　单个 QTL 的精细定位

为了精细定位某个 QTL,必须使用含有该目标 QTL 的染色体片段代换系或 NIL 群体与受体亲本进行杂交并建立次级群体。一个理想的染色体片段代换系是除了目标 QTL 所在的染色体片段完整来自供体亲本外,基因组的其余部分与受体亲本相同。在染色体片段代换系与受体亲本杂交后代中,仅在代换片段上发生基因分离;QTL 定位分析只局限在很窄的染色体区域上,消除了遗传背景变异的干扰,这就从遗传和统计两个方面保证了 QTL 定位的精确性。

目标 QTL 精细定位的程序:将目标染色体片段代换系与受体亲本杂交,建立仅在代换片段上发生基因分离的 F_2 群体(次级群体);调查 F_2 群体中各单株的目标性状值;筛选目标染色体片段代换系与受体亲本在代换片段上的分子标记;用筛选出的分子标记测定 F_2 群体各单株的标记型;联合表现型数据和标记型数据进行分析,估计目标 QTL 与标记间的连锁距离。在初级定位中所用的QTL 定位方法均可用于精细定位中。由于精细定位的精度要达到亚厘摩水平(<1 cM),因此,为了检测到重组基因型,F_2 群体必须非常大。

染色体片段代换系一般通过多代回交建立。在回交过程中,为了对目标QTL 所在的染色体区段进行选择,先必须对该 QTL 进行初级定位,然后通过连锁标记进行跟踪选择,即进行标记辅助选择。标记辅助选择的可靠性依赖于QTL 初级定位的准确性,因此,这种建立目标染色体片段代换系的方法一般只适用于一些效应大的 QTL,因为只有效应大的 QTL 才能被较准确地定位。

1.5.3.2　全基因组 QTL 的精细定位

要想系统地对全基因组 QTL 开展精细定位,就应该建立一套覆盖全基因组的、相互重叠的染色体片段代换系,也就是在受体亲本的遗传背景中建立供体亲本的"基因文库",也称代换系重叠群。代换系重叠群的构建一般采用多代回交的方法,但是必须借助完整的分子标记图谱和标记辅助选择技术。对于一个全长为 1 500 cM 的基因组,假设要求每个代换片段长为 10 cM、相邻片段首尾相连且没有重叠,则需要建立 150 个代换系才能覆盖整个基因组。在实际工作中,要建立这样的群体很复杂,在实践中还有一定的难度。

1.6　目标性状 QTL 定位

1.6.1　抗旱相关性状 QTL 定位

植物对干旱及其他非生物胁迫的抗性都是由许多微效基因共同控制的。植物对抗旱性状的选择既能够通过胁迫条件下的人工选择进行,又可以利用相关性状的 QTL 定位进行分子标记辅助选择。QTL 定位方法能够排除环境带来的统计误差,能定量研究相关基因的位置,对复杂性状的研究具有较明显的优势。研究表明,各种分子标记类型(如 RFLP、RAPD、CAPS、AFLP、SSR、SNP 等)都适用于 QTL 定位研究。关于抗旱相关基因的 QTL 定位研究在多种植物中已有报道,其中玉米、大麦、棉花、高粱、水稻中的报道较多。

有学者以棉花为实验材料,利用 F₃ 群体鉴定发现 33 个与抗旱相关的 QTL 位点,其中 11 个 QTL 位点与棉花产量相关,5 个 QTL 位点与关键生理性状相关,17 个 QTL 位点与纤维质量相关;该学者利用 NIL 群体对棉花产量及抗旱相关性状进行研究,发现干旱条件下 NIL 群体光合效率性状较稳定。

有学者以大麦为实验材料,利用具有 187 个纯合家系的重组自交系群体对抗旱相关基因进行 QTL 定位,研究表明:与相对含水量、分蘖数及地上部鲜重相关的 QTL 位点定位于 DNA 不同区段;与抗旱相关的 QTL 位点与其他标记之间存在上位性效应,说明 DNA 的这些区段与抗旱存在必然的联系。

有学者利用高粱的重组自交系群体及 NIL 群体进行 QTL 定位研究,发现部分 QTL 位点与开花前干旱相关,其他 QTL 位点与开花后干旱相关;该学者还发现 4 个与滞绿相关的 QTL 位点,共能解释 53.5% 的表型变异。滞绿性状与抗旱密切相关,滞绿性状 QTL 定位能够有效促进抗旱相关 QTL 定位的研究。

水稻中与抗旱相关的生长及生理性状 QTL 位点已有大量报道。有学者发现 28 个与抗旱相关的根系性状 QTL 位点,有学者发现 36 个与水分利用相关的根系性状 QTL 位点及 5 个与渗透压调节相关的 QTL 位点。有学者研究了丘林在低洼地势及干旱条件下的叶片水势,发现 6 个与叶片水势相关的 QTL 位点。

玉米花期、株高等与植株对干旱的适应性相关。有学者利用 142 株玉米的重组自交系群体对花期、株高等进行 QTL 定位,研究表明,雄花花期及株高性状相关 QTL 位点不受干旱胁迫的影响,但在不同条件下雌花花期 QTL 位点并不相同。有学者对干旱及正常条件下花期、株高、产量等 10 个性状进行 QTL 定位,共发现 51 个 QTL 位点,其中 22 个 QTL 位点对应于干旱条件下的 7 个性状,对表型变异的贡献率为 1.68% ~ 13.3%。

由此可见,多数与抗旱相关的 QTL 位点又与产量及其他性状相关,说明植物产生抗旱反应是一个复杂的过程,同时涉及其他生理过程。QTL 定位虽然是研究抗旱相关性状的有效手段,但由于对作物遗传背景缺乏了解及环境与基因之间互作的复杂性,稳定的 QTL 位点鉴定仍存在一定难度。

随着分子标记技术的不断发展以及精细遗传图谱的构建,不同作物中大量 QTL 位点得到精细定位,以此为基础进行分子标记辅助育种,将目的基因或 QTL 位点导入目标植株中,能够极大提高作物对干旱的适应性。

有学者将 4 个与根系性状相关的 QTL 位点所在片段聚合到粳稻栽培种中,发现可以提高该品种的抗旱性和产量。有学者对 2 个水稻品种的杂交 F_3 群体的 436 个家系进行研究,发现 2 个与抗旱相关的 QTL 位点,其中 1 个是产量性状位点,该位点能够使水稻在干旱条件下提早开花,但在水分充足条件下却无该作用。

有学者在棉花中通过不同品种之间的杂交及后续 NIL 群体的建立,成功地将 CO_2 同化速率、叶绿素含量等性状 QTL 位点所在片段导入 2 个不同的 NIL 群体中。研究表明,这 2 个 NIL 群体均出现相应表型并提高了对干旱的抗性,但产量无明显提高。

有学者以玉米为材料,在标记辅助回交育种过程中,为了达到增强玉米抗旱性、提高玉米产量的目的,该学者通过抗旱及不抗旱品种杂交后多次回交的方法,成功选育出正常条件下产量无变化、干旱条件下产量提高 50% 的新品种。

有学者以大麦为实验材料,通过野生种和栽培种杂交后与栽培种回交,将野生种中 6 个与干旱条件下产量提高相关的 QTL 位点导入栽培种中。有学者将高粱滞绿与非滞绿品种杂交后建立 NIL 群体,成功将 4 个与滞绿相关的主效 QTL 位点导入非滞绿栽培种中,从而延缓了干旱条件下新品种叶片的衰老,提高了干旱条件下产量。

由此可见,分子标记辅助育种可以将提高干旱抗性的 QTL 位点导入栽培品种中,提高该品种在干旱条件下的产量,能够使与抗旱相关的 QTL 得到有效利用。

1.6.2 花序性状 QTL 定位

产量性状一直是国内外育种工作者关注的焦点之一。花序长度是产量性状中较重要的性状。研究表明:大豆花序长度与开花数目高度正相关,与结荚数在一定程度上正相关;长花序是多花多荚的重要基础。扁豆有长花序和短花序 2 种类型,长花序上开花、结荚数目较短花序多。

有学者以 388 株 BC_1F_7 株系为材料,利用 RFLP 定位水稻穗长性状,检测到该性状的 QTL 分别位于第 5 和第 9 染色体上,与最近标记的距离分别为 7.8 cM 和 6.6 cM;次年,该学者又对该性状进行 QTL 定位,发现在重组自交系中穗长 QTL 有 2 个,分别在第 6 和第 9 染色体上。有学者以 F_2 群体为实验材料定位到 3 个穗长 QTL,分别位于第 3、8 和 12 染色体上,总贡献率为 22.8%。有学者用水稻 F_2 群体和相应的 F_3 群体对水稻穗长性状定位,在单一环境中共检测到 7 个 QTL,在多种环境中均能检测到的 QTL 只有 5 个。有学者用 176 个单株构成的 DH 群体定位到 6 个穗长 QTL,第 1、6、8、10 染色体上均存在 1 个 QTL,第 3 染色体上存在 2 个 QTL。

有学者利用小麦 114 个单株构成的重组自交系群体对小麦穗长性状进行了多年、多点 QTL 定位,研究表明,小麦 6AS 染色体上靠近着丝粒的区域中存在 2 个主要 QTL 控制小麦穗长性状。有学者对小麦的穗长进行 QTL 定位,找到了对穗长影响大的 2 个 QTL 位点,它们分别位于小麦的 1B 和 4A 染色体上,表型变异量达 23% 和 22%,来自亲本 *Opata*85 的等位基因增加了穗长。

花梗长度、花序节间长度、花序节点数等是与花序长度性状密切相关的农艺性状,研究这些性状对深入了解花序长度性状有重要意义。有学者在水稻中得到 3 个 papl 突变体,分别为 papl-1、papl-2、papl-3,papl 突变体可以改变水稻圆锥花序繁殖单位的结构;与野生型水稻相比,papl-1 突变体的花梗长度差异不显著,papl-2 和 papl-3 突变体的花梗长度显著缩短,分别缩短 17.0% 和 20.1%;papl-1、papl-2、papl-3 突变体的花序节点数分别为野生型的 141.7%、172.2%、183.3%;papl-2、papl-3 突变体的花序节间长度为野生型水稻的一半,papl-1 突变体的花序节间长度为野生型水稻的 75%;与野生型水稻相比,papl-2、papl-3 突变体的花序初级分枝数增加,papl-1 突变体的花序初级分枝数保持不变;papl 的功能是对花序节点数起负调节作用,对花序初级分枝起正调节作用,使花序节间长度增加。有学者认为小麦花序节间长度的 2 个主要 QTL 分别位于 1B 和 6A 染色体上。

1.6.3 果实性状、生育期性状 QTL 定位

果实性状能直接决定扁豆鲜荚品质,并且间接影响扁豆鲜荚产量。生育期

性状决定了扁豆的早熟性,从而对扁豆产量和品质有影响。果实性状、生育期性状一般认为是由多基因控制的,是数量性状。关于扁豆果实性状、生育期性状的 QTL 定位的研究鲜有报道。有学者定位了菜豆的每株荚果数、开花期和成熟期性状,检测到 3 个 QTL 对应于每株荚果数,7 个 QTL 对应于开花期性状,2 个 QTL 对应于成熟期性状。有学者对大豆进行 QTL 定位研究,研究表明:每株荚果数有 6 个 QTL,分布在 4 个连锁群上;开花期有 8 个 QTL,分布在 3 个连锁群上;成熟期有 11 个 QTL,分布在 5 个连锁群上。

扁豆长花序品种的开花期比短花序品种的开花期晚。有学者对大豆花序开花特性进行观察,研究表明,长花序品种的开花期比普通品种晚,持续时间比普通品种长。研究表明,普通菜豆早花性受完全显性的单基因控制;有学者认为早花性是不完全显性遗传,开花早晚的遗传还受环境条件的影响。研究表明:红腰子豆有 1 个显性基因 *Ht*,它决定红腰子豆在温度超过 30 ℃、长日照条件下延迟开花;大北方 1 号菜豆有 1 个显性基因 *Lt*1,它决定大北方 1 号菜豆在温度低于 24 ℃、长日照条件下延迟开花;F_1 代杂种 HthtLtlt 在任何温度下,只要在长日照条件下,开花均延迟。

有学者研究了大豆生育期 QTL 定位,研究表明:和开花期有关的标记位于连锁群 M(C2)上,共有 3 个标记,即 pK-365、pK-474a、pK-474b;和成熟期有关的标记有 5 个,其中,pK-472 不连锁,pR-13b 位于 H(D1a+Q),pK-365、pK-474a 和 pK-474b 位于连锁群 M(C2)上;和生殖生长期有关的是 pG-8.15。有学者认为:大豆有 4 个标记和开花期有关,A109a 位于 U9(C2),R79 位于 U11(M),Satt6 位于 U14(L),C9b 位于 U1c(B2);和成熟期有关的标记有 3 个,Satt79 位于 U9(C2),R79 位于 U11(M),Satt6 位于 U14(L);和生殖生长期有关的是位于 U11(M)的 R79 和位于 U14(L)连锁群的 G173Tb。有学者发现 8 个标记与成熟期有关,Blt043、cr122 位于 B1,A063a、EV3、gac197、A338n 位于 C1,O109n 位于 L,A280 不连锁。有学者用 RFLP 和 SSR 对大豆 2 个 F_2 群体的开花期、成熟期和光周期敏感性进行 QTL 定位,结果表明,控制这些性状的 1 个主效 QTL 位于两群体 C_2 连锁群上的同一位置,这说明这些性状被同样的基因或紧密聚集在同一连锁区域的基因控制。研究表明:在 10 个控制大豆成熟期的 QTL 中,其中 7 个 QTL 解释表型变异达到 10% 以上;与开花期有关的 QTL 有 8 个,其中 4 个 QTL 解释表型变异达到 10% 以上;与生育期有关的 QTL 有 8 个,其中 5 个 QTL 解释表型变异达到 10% 以上。有学者应用 4 个不同大豆群体定位成熟期性状,得到 4 个 QTL,分别位于 C_2、L、M、O 连锁群。

1.7　分子标记在扁豆育种中的应用

随着生活水平的提高,人们对扁豆的需求量不断增加,同时对扁豆产量和品质要求越来越高,因此推动着扁豆遗传育种和分子生物学研究向前发展。扁豆育种方法有传统的杂交育种和诱变育种,分子标记辅助和基因工程逐渐应用在扁豆育种方面。分子标记的出现使得植物育种的间接选择成为可能,极大地提高了遗传分析的准确性和育种的有效性。

1.7.1　种质资源的遗传多样性分析

优良品种是作物生产的基础,品种混杂和纯度降低会明显降低作物品质。利用分子标记对不同种质的多态性进行鉴定,对品种的特征及纯度进行甄别,根据特异性的多态性标记绘制指纹图谱,已成为品种鉴别的有力工具。

有学者应用 RAPD 对湖南省 11 份扁豆栽培品种进行 DNA 多态性分析。有学者利用 AFLP 对比了扁豆和豇豆的遗传多样性,聚类分析结果表明,扁豆的遗传分化现象显著高于豇豆。有学者利用 RAPD、ISSR 和 SSR 对 39 份扁豆品种进行多样性分析,结果表明,不同的扁豆品种存在广泛的多态性,并且 ISSR 比 RAPD 和 SSR 的多态性明显高很多。Zhang 等人利用 EST-SSRs 对扁豆的遗传多样性进行分析,发现我国的扁豆资源多样性相对于非洲国家的少。Robotham 等人利用 SSR 对世界范围内的扁豆进行遗传群体分析,发现扁豆野生种与东非品种之间存在一定的遗传相似性,东非品种间的遗传多样性更高。Rai 等人尝试利用其他豆科植物的 SSR 对 143 份印度扁豆进行遗传多样性分析,结果表明,有 1/3 的标记在扁豆中表现出遗传多样性。有学者利用 82 对 Indel 引物对 21 份扁豆材料进行初步分子标记的统计及聚类分析,研究表明,不同扁豆品质之间存在一定程度的遗传分化现象,但差异不大。

1.7.2 扁豆及其他豆科植物遗传图谱

豆科植物具有重要经济价值,是蛋白质、淀粉等的重要来源。豆科植物遗传图谱构建不仅能对豆科植物进行更精确的分类及研究,更能够加速豆科作物的育种研究,使其更好地发挥潜在的价值。

1.7.2.1 扁豆遗传图谱

扁豆第 1 张遗传图谱是以栽培品种"Rongai"及野生品种 CPI24973 杂交119 株个体的 F_2 群体为基础,利用 RAPD 及 RFLP 构建的。该图谱包含 127 个 RFLP 和 91 个 RAPD,分布在 17 个连锁群上,覆盖长度为 1 610 cM,平均长度为 7 cM。

有学者对 11 个扁豆品种进行多态性分析,筛选出多态性丰富、重复性好的12 个引物,检测出 17 个等位基因,构建了可以区分不同位点的多种材料的指纹图谱。有学者将扁豆与绿豆的遗传图谱进行比较分析,研究表明,分子标记顺序在二者之间存在高度的保守性。

1.7.2.2 大豆遗传图谱

有学者利用大豆栽培种 Minsoy 及 Noir 1 杂交 F_2 群体构建了第 1 张大豆遗传图谱,包含 11 个 RFLP,共有 4 个连锁群。有学者利用相同品种的杂交 F_7 群体,将 22 个新的 SSR 定位到遗传图谱中。有学者利用 SSR 对已报道的 3 张大豆遗传图谱进行整合,整合后的图谱共包含 20 个连锁群,恰好对应大豆 20 个染色体;该整合图谱上共有 1 341 个标记,包含 689 个 RFLP、606 个 SSR、10 个 AFLP、10 个同工酶标记、26 个经典标记。Song 等人构建的大豆遗传图谱由 5张图谱整合而成,其中包含 1 849 个标记(1 015 个 SSR,709 个 RFLP,73 个 RAPD,23 个经典标记,29 个其他标记)。有学者利用大豆 1 141 个基因的 EST开发 SNP,亦构建了第 1 张大豆转录图谱。

1.7.2.3 其他豆科植物遗传图谱

鹰嘴豆是豆科植物中的重要粮食作物,广泛分布于热带及亚热带地区。鹰嘴豆第 1 张遗传图谱共有 10 个连锁群,包含 9 个形态学标记、27 个同工酶标记、10 个 RFLP、45 个 RAPD,覆盖 550 cM。有学者通过在鹰嘴豆中开发的 STMS 标记,将多张鹰嘴豆遗传图谱进行整合,得到 1 张包含 555 个标记位点、覆盖 6 252.67 cM 的整合高密度图谱。有学者利用高通量测序开发 SNP,对鹰嘴豆遗传图谱予以饱和,使其包含 1 063 个 SNP,覆盖 1 808.7 cM。

第 1 张豇豆遗传图谱包含 10 个连锁群,有 97 个 RFLP,覆盖 684 cM。有学者将该图谱与绿豆遗传图谱进行比较,研究表明,虽然二者核酸序列差异不大,但拷贝数及标记在相应连锁群上的位置存在较大差异。有学者利用重组自交系群体构建了较精细的绿豆遗传图谱,该图谱包含 11 个连锁群,具有 242 个标记位点,覆盖 2 670 cM。此后,有学者利用 SSR、SNP 等构建了包含 375 个标记位点的豇豆遗传图谱,该图谱精确度较高。

第 1 张豌豆遗传图谱包括 62 个标记位点(56 个 RFLP,4 个 SSR 及 2 个 RAPD)以及 3 个形态性状基因、4 个抗性基因。有学者用 RAPD 对 139 株重组自交系群体作图,构建了包含 7 个连锁群、具有 355 个标记位点、覆盖 1 881 cM 的遗传图谱;有学者将与多枝及光周期相关的 2 个 RAPD 转化为 SCAR;有学者利用 SSR 构建了包含 7 个连锁群、具有 239 个标记位点、覆盖 1 430 cM 的固定标记遗传图谱。

小扁豆是豆科植物中的粮食作物。有学者构建了小扁豆的第 1 张完整的遗传图谱,该图谱由 86 株重组自交系群体构建,包含 177 个标记位点(89 个 RAPD,79 个 AFLP,6 个 RFLP 及 3 个形态学标记),覆盖 1 073 cM。有学者用 AFLP、SSR 构建了 1 张小扁豆遗传图谱,该图谱包含 283 个标记位点,覆盖 751 cM,同时将维管萎蔫病抗性基因 *Fw* 定位至 SSR(SSR59 − 2B)及 AFLP(p17m30710)之间。

有学者对蚕豆的 F_2 群体进行遗传图谱加密,构建了包含 465 个 SSR、7 个连锁群、覆盖 4 516.75 cM 的遗传图谱。

1.8 SSH 技术

SSH 技术通过对比存在表达差异的 mRNA,发现其中存在表达差异的基因,从而发掘其中关键的调控基因。SSH 技术已广泛应用在植物生长发育调控、抗逆境胁迫等方面的研究。

1.8.1　SSH 技术的原理及步骤

1.8.1.1　SSH 技术的原理

SSH 技术能够对 2 组不同的 mRNA 进行对比,并发现其中存在表达差异的基因。虽然 SSH 技术存在多种方法,但基本原理相同。基本原理:将 2 组不同的 mRNA 各自反转录为 cDNA,将包含目的基因的 cDNA 作为检测子,另一组 cDNA 作为驱动子;将检测子及驱动子 cDNA 杂交后,去除其中能够相互杂交的部分,剩余无法杂交的 cDNA 即检测子中特异性表达的 cDNA。

传统的 SSH 技术虽然能通过多步杂交去除其中相同的 cDNA,但对表达量低的基因无法进行很好的分离。基于 PCR 的 SSH 技术运用杂交二级动力学原理,使原来在单链的 DNA 相对含量达到一致。抑制性 PCR 利用链内及链间退火速率不相等的特性,选择性地抑制非目的基因片段的扩增。这样既利用了 SSH 技术,又利用了抑制性 PCR 技术进行高效率的动力学富集。

SSH 技术具有高度的灵敏性及较高的特异性,能够将表达具有差异的基因进行富集,从而使丰度低的 mRNA 也能够被检测到。SSH 技术要求 mRNA 质量及数量较高,在消减过程中 cDNA 被酶切使得到的表达有差异的序列不是全长 cDNA,故在后续实验中常常需要利用 RACE 等技术获得目的基因的全长序列。

1.8.1.2　SSH 技术的步骤

在进行 SSH 的过程中,首先将 2 组不同 mRNA 分别反转录为 cDNA,经过酶切后将作为检测子的 cDNA 分为 2 部分并分别与不同的 cDNA 接头相连。接头末端不存在磷酸基团,故只能与 cDNA 的 5' 端相连,同时接头中包含特异性扩增的引物序列。

进行 2 轮杂交。第 1 轮将检测子与过量的驱动子混合,样品经过变性及退火后会产生 a、b、c、d 这 4 种分子结构(图 1-2)。根据杂交二级动力学原理,不同丰度的序列在 a 结构类型中浓度一致,从而使表达存在差异的 a 结构类型的分子得到富集,表达不存在差异的序列则产生 c 结构类型的分子。在第 2 轮杂交中,将第 1 轮杂交的 2 份样品混合;此时只有未消减的单链检测 cDNA 能够继续杂交产生 e 结构类型的分子,该类型分子同时含有接头 1 及接头 2R。再次加入变性的驱动 cDNA 进一步富集 e 结构类型的分子。

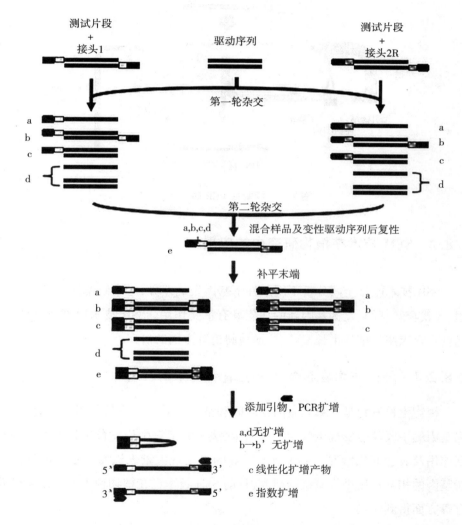

图 1-2　基于 PCR 选择的 cDNA 消减过程示意

　　经过 2 轮杂交后,样品进行 PCR 扩增。由于 a 和 d 结构类型的序列不包含引物序列,故无法得到扩增。由于抑制性 PCR,b 结构类型的序列将产生“平底锅”结构,从而无法进行指数型扩增(图 1-3)。c 结构类型的序列由于只含有一侧接头,故只能进行线性扩增。只有 e 结构类型的序列能够进行指数型扩增。

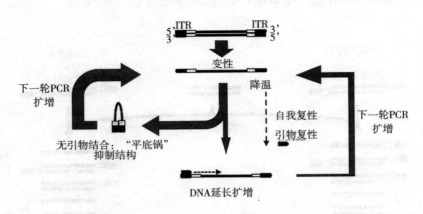

图 1-3　抑制性 PCR 过程示意

1.8.2　SSH 技术在植物研究中的应用

SSH 技术能够全面分析不同条件下基因表达差异,对理解基因表达调控原理、寻找全新基因、发掘基因新的功能具有重要作用。SSH 技术以高效、灵敏等优点广泛应用于植物生长发育、抗逆境胁迫等方面的研究。

1.8.2.1　SSH 技术在植物生长发育研究中的应用

植物生长发育是一系列基因在时间和空间上共同作用的结果,利用传统研究基因的手段仅能发现少数相关基因,无法全面了解生长发育过程中基因的相互作用及表达变化情况。SSH 技术能够同时发现大量表达发生变化的基因并对基因的相互作用进行系统的研究,目前 SSH 技术已在植物种子及体细胞胚发育等方面得到应用。

有学者研究了油菜种子发育,利用 SSH 技术对发育 10 d、30 d 的幼胚进行研究,发现表达存在差异的基因主要集中在脂类及氨基酸代谢、信号转导及转录后修饰等方面,并寻找到 2 个与种子发育、蛋白质及油脂代谢相关的新基因。有学者对黄瓜体细胞胚中上调基因进行研究,发现上调基因中的 23% 与代谢相关、13% 与信号转导相关、12% 与蛋白质合成相关、10% 为潜在的转录因子序列,并发现 2 个与信号转导相关的转录因子。有学者在马铃薯表皮对块茎保护作用的研究中,利用 SSH 技术分离到 108 个与细胞壁形成及周皮部位代谢相关的候选基因,同时发现与胁迫及防御相关的基因在所构建的文库中大量存在。

由此可见,利用 SSH 技术研究植物发育过程已在多种植物中得到应用,可以宏观了解到参与该过程的相关基因的种类,进而分离得到关键的调控基因。

1.8.2.2　SSH 技术在植物抗逆境胁迫研究中的应用

在长期自然进化过程中,植物进化出一系列用于抵御生物及非生物胁迫的手段,用于维持自身在逆境条件下正常的生长繁殖活动。对于抗逆基因的研究已成为植物研究及育种中十分重要的方面;利用 SSH 技术研究植物在逆境胁迫下的反应,可以系统了解相关基因及代谢变化,能够更有效地发现新的抗性基因。

有学者研究了植物对非生物胁迫的反应,通过建立 SSH 文库研究盐离子胁迫下陆地棉中表达上调的基因,共发现 1 131 个表达存在差异的 EST 序列,可分为 11 个功能大类,并在此基础上构建了盐胁迫响应基因之间的互作网络模型。有学者对玉米幼苗在水涝条件下的 SSH 文库进行研究,共发现 465 条表达存在差异的 EST 序列,研究表明,玉米对水涝胁迫的响应主要集中在水涝初期的防御反应及水涝末期的适应性反应。有学者对鹰嘴豆抗旱及不抗旱品种的杂交后代的重组自交系群体经过末期干旱处理后进行 SSH 文库研究,发现表达存在差异的基因中的一半未曾报道过。有学者利用 SSH 技术研究向日葵在高磷环境中的反应,发现 89 个与磷积累及耐受相关的 EST 序列。

在植物对生物胁迫抗性研究方面,有学者利用 SSH 文库研究松材线虫侵害黑松不同时间后的反应,发现抗性品种及非抗性品种差异表达基因中有若干病程相关蛋白的编码基因。有学者对线虫侵害抗感花生品种进行比较研究,发现侵害过程中与细胞结构形成及细胞增殖相关基因存在表达上调现象,并全面研究了花生根结形成过程中相关基因的上调表达情况。

综上所述,SSH 技术在研究植物对生物及非生物胁迫响应中发挥了重要的作用,不仅能够发现大量未曾报道过的基因序列,更能够系统地对响应基因的功能进行分类,为进一步的研究提供指导及理论基础。

1.9 MYB 转录因子对植物的作用

转录因子在生物体内具有重要的调控作用。转录因子发挥作用一般有如下方式:一是直接同 DNA 序列中的调控元件相结合;二是与其他结合蛋白互作形成复合体后对基因表达发挥调控作用。

1.9.1 植物转录因子的种类及结构特征

自第 1 个转录因子 COLORED1(C1)在玉米中被发现与花青素的合成相关以来,有学者利用遗传学及分子生物学手段在拟南芥、玉米、水稻、杨树、苹果等植物中发现了大量的转录因子。转录因子一般包含 4 个部分,即 DBD、转录调控域、NLS、寡聚化位点。

转录因子调控基因表达需要与目的基因的调控序列相结合。转录因子中能够识别 DNA 特定的序列并与之结合的区域即为 DBD。由于 DBD 为转录因子的基本结构之一,且不同转录因子的 DBD 存在一定的保守性,故可根据编码 DBD 的特定序列预测并发现新的转录因子。有学者对拟南芥基因组序列进行分析,发现近 1 500 个转录因子编码基因,占拟南芥基因总数的 5.9%;有学者发现拟南芥中存在新的转录因子。目前在拟南芥中发现大量转录因子。

转录调控域可分为转录激活域及转录抑制域,不同的转录调控域使转录因子具备激活基因表达或抑制基因表达的功能。当转录因子含有单个 DBD 时,该转录因子能够激活基因表达。转录激活域通常位于 DBD 之外的 30~100 个氨基酸残基;有的转录因子包含不止一个转录激活域,例如,AP2/ERF 中的富含酸性氨基酸及疏水氨基酸残基的 EDLL 结构域能够高效激活转录。关于转录抑制域作用机理的研究较少;转录抑制域作用方式为结合启动子的调控位点,或与某些转录因子结合而抑制其他转录因子,或改变 DNA 高级结构以阻止转录的发生。

NLS 是转录因子中一段富含碱性氨基酸的序列,能够使转录因子主动定位到细胞核中。NLS 为非保守氨基酸序列,且 1 个转录因子内可能含有多个 NLS,拟南芥中与器官发生相关的转录因子 ASL/LBD 的 C 端含有 2 种不同类型的 NLS。

　　寡聚化位点是不同转录因子相互作用的区域,序列具有保守性。根据寡聚化位点及 DBD 的保守性可以对转录因子进行聚类及进化分析,从而对新发现的转录因子进行功能及结构预测。

　　转录因子一般根据 DBD 结构特征进行分类,如 MYB 转录因子特异性结合 MYB 结构域、AP2/EREBP 转录因子特异性结合 GCC-box、WRKY 转录因子特异性结合 W-box 等。植物中主要的转录因子有 MYB-(R1)R2R3、bHLH、NAC、C2H2(Zn)、HB、MADS、bZIP、WRKY、ABI3-VP1(B3)、EIL、LFY、GARP、TCP、SBP、Dof、CO-like(Zn)、GATA(Zn)、AP2/EREBP、ARF、YABBY 等,其中 NAC、Dof、YABBY、WRKY、GARP、TCP、SBP、ABI3-VP1（B3）、EIL、LFY 为植物特异性转录因子。

　　有学者研究了拟南芥转录因子,结果表明,约 2 000 个转录因子根据不同的阈值在不同的数据库中能够分为 72 个家族,且其中半数为植物特异性转录因子。

1.9.2　植物 MYB 转录因子结构及分类

　　MYB 转录因子是一类具有高度保守性的 DBD,即 MYB 结构域的转录因子的总称。该结构域至多含有 4 个包含 52 个氨基酸残基的重复序列,且每一重复序列都能够形成 3 个 α-螺旋,第 2 个、第 3 个 α-螺旋由于色氨酸(或其他疏水性氨基酸)残基的存在而形成螺旋-转角-螺旋结构,在与 DNA 结合过程中,其中 2 个螺旋结构能够识别特定的 DNA 序列,从而实现与 DNA 的特异性结合。

　　MYB 转录因子可以根据保守重复序列的数量进行分类。植物 MYB 转录因子类型如图 1-4 所示。以 c-Myb 蛋白中 R1、R2 及 R3 重复序列为参考,其他 MYB 转录因子根据其 R1、R2 及 R3 重复序列与 c-Myb 中相应序列的相似性进行命名,即 R2R3-MYB,1R-MYB,3R-MYB 及 4R-MYB。研究表明,这 4 类 MYB 转录因子都存在于植物中。

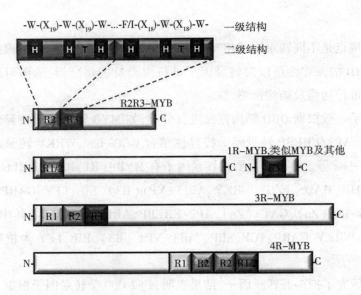

图 1-4　植物 MYB 转录因子类型

注:H 为螺旋,T 为转角,W 为色氨酸残基,X 为氨基酸残基。

植物 MYB 转录因子中 R2R3-MYB 类型数量较多。R2R3-MYB 转录因子肽链 N 端含有 2 个 DBD(即 MYB 结构域),C 端包含 1 个转录调控域,其他区域的序列不具保守性,故植物中 R2R3-MYB 转录因子能够分为不同的亚家族。

1.9.3　植物 MYB 转录因子的功能

MYB 转录因子作为植物中巨大的转录因子家族,在调控植物初级代谢、次级代谢、细胞生长分化、对生物及非生物胁迫的响应中发挥重要作用。

1.9.3.1　调控植物初级代谢、次级代谢

植物初级代谢、次级代谢以及相应的代谢产物对植物生长发育和对环境的适应性具有重要作用。MYB 转录因子在植物初级代谢、次级代谢过程中具有明显的调控作用。拟南芥中 *AtMYB*11/*PFG*1、*AtMYB*12/*PFG*1 及 *AtMYB*111/*PFG*3 (第 7 亚家族)对所有组织中黄酮类物质的合成具有调控作用, *AtMYB*75/*PAP*1、*AtMYB*90/*PAP*2、*AtMYB*113 及 *AtMYB*114(第 6 亚家族)与拟南芥营养器官中花青素的合成相关, *AtMYB*123/*TT*2(第 2 亚家族)能够调控种皮

中原花青素的合成,上述功能在不同植物中存在一定的保守性。草莓中 *FaMYB9/FaMYB11* 与 *AtMYB*123/*TT*2 高度同源且功能相似,也能够调控草莓中原花青素的合成。三色龙胆中属于第 7 亚家族的 *GtMYBP*3 及 *GtMYBP*4 能够增强 FNS Ⅱ 及 F3'H 启动子的活性,从而促进类黄酮的合成。虽然不同植物中含有不同的 MYB 转录因子,但同一亚家族的转录因子调控对象相似。第 4 亚家族的 MYB 转录因子在多种组织中对细胞壁的合成起负调控作用,如拟南芥中的 *AtMYB*32 能够负调控花粉壁的合成;第 21 亚家族的转录因子能够正调控纤维细胞中细胞壁的厚度,如 *AtMYB*52、*AtMYB*54 及 *AtMYB*69 负责调控木质素、木聚糖及纤维素的合成;第 12 亚家族的 MYB 转录因子能够调控芥子油苷的生物合成,如 *AtMYB*28/*HAG*1/*PMG*1、*AtMYB*29/*HAG*3/*PMG*2 及 *AtMYB*76/*HAG*2 负责调控脂肪族芥子油苷的合成。

1.9.3.2　调控植物细胞生长分化

MYB 转录因子广泛参与植物细胞生长分化等细胞周期的各个阶段,对植物细胞具有重要的调控作用。拟南芥中表皮细胞的分化与 *AtMYB*0/*GL*1、*AtMYB*23、*AtMYB*66/*WER* 相关,其中 *AtMYB*0/*GL*1、*AtMYB*23 调控芽组织中毛状体的形成,*AtMYB*66/*WER* 与根毛类型的分化有关。*GhMYB*25 及 *GhMYB*25 - *like* 与棉花中纤维细胞的分化及发育相关。气孔的分化及发育具有严格的时间及空间顺序,拟南芥中 *AtMYB*88 及 *AtMYB*124/*FLP* 能够通过限制气孔相关细胞的后期分裂而诱导最终的分化,该转录因子还能够通过限制胚珠的数量提高植株的育性。有学者在水稻中进行花粉囊碳饥饿实验,发现 1 个与花药发育过程中糖类物质分配相关的 MYB 转录因子 CSA。拟南芥中的 *MYB*80 对花药的发育具有调控作用,同时它还能够调控细胞的程序性死亡。

1.9.3.3　调控植物对生物及非生物胁迫的响应

植物是一种无法自主移动的自养型生物,其生长及产量极大地受到环境因素的影响。为了适应及抵御逆境胁迫并将对自身的影响降至最低程度,植物发展出来一系列响应及应对策略。为了应对生物及非生物胁迫(如真菌入侵、病毒感染、虫害、干旱、低温、盐碱等),植物往往通过改变基因表达水平,在转录水平做出快速的应对反应。在这一过程中转录因子发挥着关键的作用。

MYB 转录因子作为转录因子中的大家族,已在拟南芥、水稻、玉米、大豆等植物中被发现是调控植物对生物、非生物胁迫响应相关的转录因子。拟南芥中 *AtMYB30* 能够调控长链脂肪酸的合成,使细胞受到病原菌侵染时进入程序化死亡过程,进而阻止病原菌的进一步入侵。当在水稻中过量表达 *TaPIMP1* 时,能够增强 ABA 及 SA 信号通路相关基因的表达,从而增强水稻对真菌侵染的抗性及对干旱的适应性。拟南芥中 *AtMYB44/AtMYBR1* 能调节依赖 ABA 信号的基因的表达,从而增强拟南芥对低温及高盐离子浓度逆境的适应性。大豆中 *GmMYB76* 能负调控 ABA 信号通路,降低植物对 ABA 的敏感性,从而增强植株对盐碱及低温的抗性。

除了上述 R2R3-MYB 转录因子外,1R-MYB 及 3R-MYB 也与植物的抗逆反应相关。水稻中 *MYBS3* 能在低温及高盐条件下被诱导表达,*MYBS3* 过量表达能够增强水稻对低温的抗性。

3R-MYB 一般认为与细胞周期调节相关,但也有研究表明该类转录因子在植物对非生物胁迫的响应中发挥作用。水稻中 *TaMYB3R1* 能够在干旱、低温及高盐条件下被诱导表达,说明 *TaMYB3R1* 与小麦抗非生物胁迫相关。水稻中 *OsMYB3R-2* 能够在干旱、低温及高盐条件下被诱导表达,在拟南芥中过表达能够增强植株对低温的适应性。由于该基因具有调节细胞周期的活性,故推测能够通过调控细胞周期增强植株对低温的抗性。

1.9.4 植物 MYB 转录因子在调控网络中的作用

MYB 转录因子在调控网络中通常同其他的调控元件直接结合发挥作用。例如,拟南芥中 MADS 家族成员 AGL15 能够调控植物胚胎发育,它能够与 29 个不同的 MYB 转录因子直接结合发挥作用。某些 MYB 转录因子能够与其他 MYB 转录因子结合而发挥作用。例如,拟南芥根系中 *AtMYB0* 能够结合 *AtMYB66* 并发挥作用,*AtMYB66* 能够控制 *GL2* 及 *CPC* 基因的表达。

MYB 转录因子在植物生长的各个时期及各种环境中具有重要作用,关于MYB 转录因子在整体调控网络中各水平上发挥的作用尚未有全面的定位及研究。

1.10 研究目的及意义

笔者收集了来自多个国家/地区的扁豆资源,利用分子标记技术进行遗传多样性分析,利用农艺性状具有明显差异的眉豆 2012、南汇 23 杂交获得的 F_2 群体构建扁豆遗传图谱,并将花序性状、果实性状、生育期性状、与干旱胁迫相关的农艺性状在遗传图谱中进行 QTL 定位;通过 SSH 文库系统研究干旱胁迫条件下扁豆发生变化的基因并得到相关的转录因子。本研究为扁豆品种选育提供理论依据和方法指导,为进一步深入了解扁豆抗旱机理提供研究基础。

第 2 章　扁豆苗期干旱胁迫的反应

干旱是影响植物生长及产量的主要因素之一。从植物形态至分子水平研究对干旱胁迫的响应及其机理,对植物育种及生长管理具有重要意义。

干旱对植物的影响分为初级胁迫及次级胁迫。次级胁迫是植物受到初级胁迫后所产生的持续性响应,故对植物生长发育的影响较严重。植物受到次级胁迫后,体内代谢失调,离子转运失衡,从而导致活性氧积累。植物体内还存在着各种生理、生化机制清除活性氧,其中主要的酶类物质包括 POD、SOD、CAT等。除此之外,植物通过调节渗透压适应干旱环境,例如,在体内积累可溶性糖、脯氨酸等物质。

植物受到干旱胁迫时往往能够通过形态及生长发育进程的改变等多种策略进行调节,从而适应环境变化。不同植物及同种植物不同资源对干旱胁迫的适应程度存在差别,这些差别通常能够通过生理、生化及形态的多种指标加以衡量。

笔者研究了扁豆苗期干旱胁迫条件下形态指标及其他指标,阐释了扁豆对干旱的响应,对比了扁豆不同资源的相应指标,研究了不同资源对干旱的抗性差异。

2.1　材料与方法

2.1.1　材料

笔者利用 50 份扁豆资源进行干旱抗性筛选,选取其中具有明显差异的河南汝阳地方扁豆资源眉豆 2012 及上海南汇地区扁豆资源南汇 23 作为实验材料。

笔者挑取饱满健康的扁豆种子播种于直径为 10 cm、高度为 9 cm 塑料盆中。盆中装满基质(草木灰:泥炭:珍珠岩 = 7:2:1),置于上海交通大学农业与生物学院人工气候室中,控制光照、黑暗时间分别为 16 h、8 h,温度为28 ℃,光照强度为 200 μmol/(m² · s)。待种子萌发 10 d 后,开始控制水分,进行干旱处理,处理共持续 10 d。

实验分为对照组和处理组,对照组每天正常浇水,处理组在处理前充分浇水后不再补充水分。分别在处理的 2 d、4 d、6 d、8 d、10 d 进行对照组及处理组的采样。每处理设 4 次重复。

2.1.2 方法

2.1.2.1 植株蒸腾效率测定

笔者利用逐级干旱的方法对扁豆蒸腾效率进行研究。实验于上海交通大学农业与生物学院人工气候室内进行,共进行 3 次重复。待扁豆种子萌发 10 d后,选取生长一致的植株进行实验,将其用水重复浸润后控水过夜,之后在花盆表面覆薄膜,以防止土壤中水分的自主蒸发,从而保证花盆中水分的减少是由于植株的蒸腾作用。每天上午 10:30 左右对花盆质量进行测量。保证每天由于蒸腾作用散失的水分不多于 10 g,以防止快速过度干旱使植株产生急速缺水反应,失水超过 10 g 的质量用水补回。当蒸腾效率小于 0.1 时,结束试验。蒸腾效率按下式计算:

$$蒸腾效率 = \frac{干旱胁迫植株蒸腾释放水分质量}{对照植株平均蒸腾释放水分质量} \tag{2-1}$$

2.1.2.2 其他指标测定

根系相对含水量、叶片含水量、根系 MDA 含量、根系脯氨酸含量、根系可溶性糖含量、根系活力、SOD 活性、POD 活性、CAT 活性按相关方法测定。

2.2 结果与分析

2.2.1 形态指标

在植物生长发育过程中,水分不可或缺,故干旱胁迫对植物生长、光合作用及营养物质的转运具有明显的负面影响。在扁豆生长过程中,随着干旱胁迫持续时间的增加,植株的生长势明显减弱,且不同品种之间减弱程度存在显著差异。

　　根系长度及总生物量在一定程度上能够反映植株对干旱的适应程度及抗旱水平。笔者对萌发 10 d 后的扁豆根系长度进行研究,结果表明,眉豆 2012 根系长度大于南汇 23(图 2-1)。

图 2-1　萌发 10 d 后的扁豆根系长度

注:(a)为眉豆 2012,(b)为南汇 23。

　　萌发 2~10 d,眉豆 2012 根系鲜重及最大根长均高于南汇 23。萌发 4 d 后,眉豆 2012 根系鲜重及最大根长均显著高于南汇 23,且差异程度逐渐增大。萌发 10 d 后,眉豆 2012 根系鲜重及最大根长分别达到(2.00±0.31)g 及(28.30±3.96)cm,南汇 23 为(0.51±0.04)g 及(15.35±1.06)cm(图 2-2)。

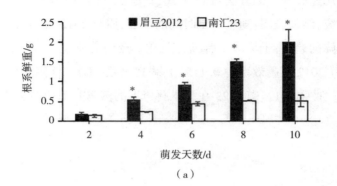

(a)

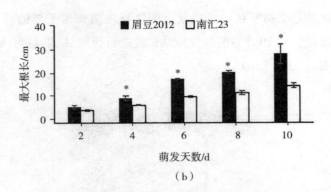

图 2-2　萌发不同时间后眉豆 2012 及南汇 23 根系鲜重及最大根长

注：* 表示相同时间点不同扁豆资源间存在显著差异，*p*<0.05。

2.2.2　其他指标

当植物受到外界干旱胁迫时，生长势受影响，除了形态发生变化外，相关的生理过程也会发生改变，例如，蒸腾效率下降，相对含水量减少，不同组织器官生长活性改变，植物体内可溶性物质成分及含量变化，等等。

2.2.2.1　蒸腾效率

蒸腾效率在一定程度上反映了植株光合作用效率及生长情况，对不同植株蒸腾效率进行研究能够发现植物在干旱胁迫下的同化作用及生长活跃程度。

笔者利用逐级干旱的方法对眉豆 2012、南汇 23 在持续干旱条件下的蒸腾效率进行研究，结果表明：随着干旱时间的增加，眉豆 2012、南江 23 蒸腾效率都呈现不断下降的趋势；干旱 4 d 后，眉豆 2012 蒸腾效率显著高于南汇 23；干旱 22 d 后，眉豆 2012 蒸腾效率为 0.115；干旱 18 d 后，南汇 23 蒸腾效率小于 0.1，达到 0.099。眉豆 2012、南汇 23 在干旱胁迫下的蒸腾效率如图 2-3 所示。

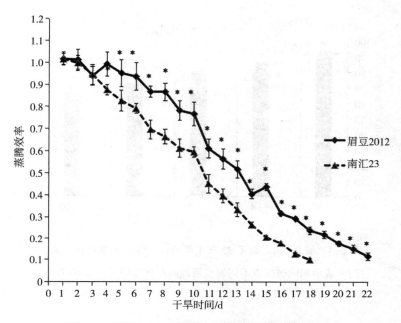

图 2-3　眉豆 2012、南汇 23 在干旱胁迫下的蒸腾效率

注：∗ 表示该时间点眉豆 2012 及南汇 23 蒸腾效率存在显著差异，$p<0.05$。

2.2.2.2　含水量

　　笔者对眉豆 2012、南汇 23 根系在萌发 10 d 后进行干旱胁迫处理，如图 2-4 所示，眉豆 2012 根系相对含水量高于南汇 23，且干旱 6 d 后二者差异达显著水平。

　　当植物受到干旱胁迫后，无法吸收充足的水分，但为了维持生命活动仍需要向外散失水分。叶片含水量能够判断植物保持原有水分的能力，从而研究植物对干旱的抗性。笔者研究了眉豆 2012、南汇 23 叶片含水量，如图 2-5 所示：眉豆 2012、南汇 23 叶片含水量随干旱时间的增加而持续下降，眉豆 2012 叶片含水量下降速度比南汇 23 低，即眉豆 2012 叶片保水力强于南汇 23；干旱 6 h 后，眉豆 2012 叶片含水量显著高于南汇 23；干旱 10 h 后，差异达到极显著水平。

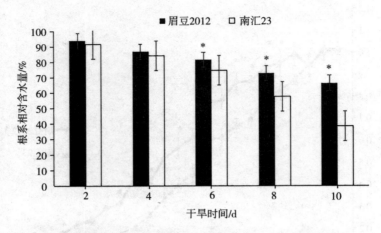

图 2-4　眉豆 2012、南汇 23 在干旱胁迫下的根系相对含水量

注：∗ 表示相同时间点不同扁豆资源间存在显著差异，$p<0.05$。

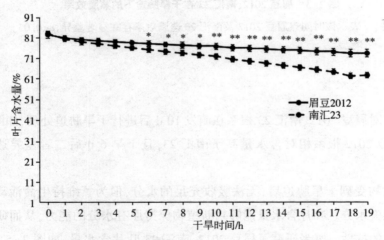

图 2-5　眉豆 2012、南汇 23 在干旱胁迫下的叶片含水量

注：∗ 表示相同时间点不同扁豆资源间存在显著差异，$p<0.05$；

∗∗ 表示相同时间点不同扁豆资源间存在极显著差异，$p<0.01$。

2.2.2.3　根系活力分析

当植物受到干旱胁迫时，根系水分吸收不足，根系活力进而受到影响。笔者研究了扁豆在苗期受到干旱胁迫后的根系活力,如表 2-1 所示:随着干旱时间的增加,扁豆根系活力不断下降,不同资源间下降程度存在差异;干旱 8 d 后,眉豆 2012 根系活力为对照的 66.5%,南汇 23 根系活力为对照的 43.7%;干旱 10 d 后,南汇 23 根系活力为对照的 30.2%,眉豆 2012 根系活力为对照的 65.0%。

2.2.2.4　可溶性有机小分子含量分析

笔者利用脯氨酸标准溶液制作标准曲线,结果表明,脯氨酸含量与 520 nm 处吸光值存在线性关系,如图 2-6 所示,回归方程为 $y = 0.018x - 0.0029$,式中,y 为 A_{520},x 为脯氨酸含量。

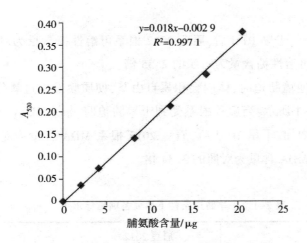

$$y=0.018x-0.0029$$
$$R^2=0.9971$$

图 2-6　脯氨酸标准曲线

笔者对眉豆 2012、南汇 23 进行苗期干旱处理,如表 2-1 所示:眉豆 2012 根系脯氨酸含量在干旱 8 d 后达到峰值,南汇 23 根系脯氨酸含量在干旱 6 d 后达到峰值;干旱 8 d 后,眉豆 2012 根系脯氨酸含量为对照的 2.33 倍,南汇 23 根系脯氨酸含量为对照的 2.13 倍。

笔者利用葡萄糖标准溶液制作标准曲线,结果表明,葡萄糖含量与 620 nm 处吸光值存在线性关系,如图 2-7 所示,回归方程为 $y = 0.0069x + 0.052$,式中,y 为 A_{620},x 为葡萄糖含量。

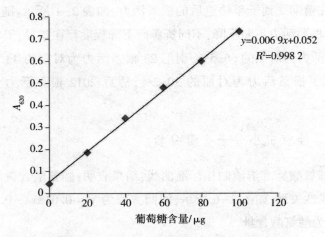

$$y=0.006\ 9x+0.052$$
$$R^2=0.998\ 2$$

图 2-7　可溶性糖标准曲线

如表 2-1 所示,干旱 10 d 后,眉豆 2012 根系可溶性糖含量为对照的 3.12 倍,南汇 23 根系可溶性糖含量为对照的 2.55 倍。

当植物受到逆境胁迫时,体内会积累自由基,使质膜发生过氧化作用而产生 MDA。如表 2-1 所示:当扁豆根系受到干旱胁迫时,根系 MDA 含量随着干旱时间的增加而增加;干旱 10 d 后,眉豆 2012 根系 MDA 含量为对照的 2.01 倍,南汇 23 根系 MDA 含量为对照的 3.34 倍。

表 2-1　干旱胁迫条件下扁豆各项指标水平

干旱时间/d	指标	眉豆 2012		南汇 23	
		对照	处理	对照	处理
2	根系 MDA 含量/(mmol·g^{-1})	10.72±1.07	13.04±1.63	9.18±2.15	15.77±4.97
	根系脯氨酸含量/(μg·g^{-1})	56.62±7.25	70.72±8.80	37.49±1.95	40.16±9.93
	根系可溶性糖含量/%	0.28±0.06	0.30±0.04	0.47±0.07	0.46±0.12
	根系活力/(μg·g^{-1}·h^{-1})	51.22±4.46	50.29±6.21	55.24±5.41	50.84±3.97

续表

干旱时间/d	指标	眉豆 2012		南汇 23	
		对照	处理	对照	处理
4	根系 MDA 含量/(mmol·g^{-1})	12.72±3.99	20.62±4.92	12.31±0.71	21.49±2.51
	根系脯氨酸含量/(μg·g^{-1})	29.32±4.37	42.31±2.39	38.86±3.97	43.22±3.40
	根系可溶性糖含量/%	0.29±0.13	0.24±0.11	0.33±0.19	0.48±0.14
	根系活力/(μg·g^{-1}·h^{-1})	56.24±5.49	47.04±3.47	55.14±5.33	44.08±1.71
6	根系 MDA 含量/(mmol·g^{-1})	14.27±2.93	21.70±5.54	14.15±3.83	30.76±3.44
	根系脯氨酸含量/(μg·g^{-1})	35.09±1.35	66.21±4.17	100.66±1.69	123.26±2.56
	根系可溶性糖含量/%	0.18±0.04	0.26±0.04	0.18±0.05	0.26±0.12
	根系活力/(μg·g^{-1}·h^{-1})	54.66±4.80	42.74±3.36	52.84±0.84	38.64±1.59
8	根系 MDA 含量/(mmol·g^{-1})	10.75±8.35	25.89±5.25	10.61±2.18	40.52±2.61
	根系脯氨酸含量/(μg·g^{-1})	67.25±9.97	156.71±8.31	44.49±9.85	94.82±3.03
	根系可溶性糖含量/%	0.16±0.01	0.31±0.33	0.32±0.13	0.45±0.26
	根系活力/(μg·g^{-1}·h^{-1})	56.70±5.16	37.68±1.80	53.33±1.97	23.33±3.67
10	根系 MDA 含量/(mmol·g^{-1})	15.66±1.21	31.43±7.80	13.05±0.25	43.65±3.29
	根系脯氨酸含量/(μg·g^{-1})	20.75±6.07	70.44±1.54	28.79±0.93	67.83±2.51
	根系可溶性糖含量/%	0.17±0.05	0.53±0.23	0.31±0.14	0.79±0.03
	根系活力/(μg·g^{-1}·h^{-1})	51.57±5.49	33.50±2.69	51.62±7.39	15.60±4.49

2.2.2.5　酶活性

当植物受到干旱胁迫时,体内超氧自由基及 H_2O_2 大量积累,会对植物的组织器官造成损害,加速衰老。SOD 能够清除超氧阴离子,产物 H_2O_2 会被 CAT 进一步分解或被 POD 利用。因此,植物体内 SOD、CAT、POD 活性能够反映植物对干旱的抗性水平。

　　笔者对眉豆2012、南汇23进行干旱处理,结果如表2-2所示。干旱6 d、8 d、10 d后,眉豆2012、南汇23根系SOD、POD、CAT活性比对照高。干旱10 d后,眉豆2012的SOD活性是对照的1.60倍,南汇23的SOD活性是对照的1.38倍;眉豆2012的POD活性是对照的1.67倍,南汇23的POD活性是对照的1.14倍;眉豆2012的CAT活性是对照的1.19倍,南汇23的CAT活性是对照的1.22倍。

表2-2　干旱胁迫条件下扁豆酶活性

干旱时间/d	指标	眉豆 2012		南汇 23	
		对照	处理	对照	处理
2	SOD 活性/(U·g^{-1})	353.55±12.36	322.85±19.61	361.48±1.30	371.72±21.72
	POD 活性/(U·g^{-1})	117.87±20.19	135.66±16.96	89.45±1.65	80.78±3.85
	CAT 活性/(U·g^{-1})	153.17±11.72	158.88±11.40	121.61±1.30	120.06±15.37
4	SOD 活性/(U·g^{-1})	355.27±25.77	347.82±13.34	366.92±30.35	412.94±13.26
	POD 活性/(U·g^{-1})	183.87±26.32	159.80±1.29	102.55±11.17	129.81±21.71
	CAT 活性/(U·g^{-1})	222.76±3.90	200.34±5.01	137.26±4.90	152.68±3.64
6	SOD 活性/(U·g^{-1})	333.78±21.94	409.44±9.03	359.89±13.40	420.75±6.97
	POD 活性/(U·g^{-1})	206.04±26.02	224.39±12.81	127.18±22.18	145.65±1.35
	CAT 活性/(U·g^{-1})	125.52±18.06	158.91±22.61	153.58±13.29	167.80±3.30
8	SOD 活性/(U·g^{-1})	344.28±13.06	433.57±18.47	349.34±11.05	457.37±15.54
	POD 活性/(U·g^{-1})	171.88±26.63	194.78±4.96	152.75±10.48	171.68±6.87
	CAT 活性/(U·g^{-1})	109.66±7.60	150.41±20.47	131.59±7.24	158.27±5.63
10	SOD 活性/(U·g^{-1})	371.60±16.57	596.24±6.97	409.56±22.84	565.65±7.55
	POD 活性/(U·g^{-1})	117.11±3.48	196.08±21.92	172.06±14.91	195.59±7.36
	CAT 活性/(U·g^{-1})	205.62±18.95	245.41±1.65	133.70±18.13	162.51±9.81

2.3　讨论

当植物受到干旱胁迫时,形态及生理生化特征都会发生改变,从而更好地应对干旱对植物生长发育所造成的影响。植物对干旱的响应机制及应对策略多种多样,直接研究植物对干旱胁迫的响应无法有效控制误差。因此,利用一定的形态及生理生化指标衡量植物的抗旱水平是较有效的方法。

根系是植物主要的水分及营养吸收器官。研究表明,鹰嘴豆中具有发达根系的种质对干旱的抗性明显增强,水稻渐渗系根系密度及生物量与植物对水分的吸收效率正相关。本研究表明,眉豆 2012 最大根长及鲜重高于南汇 23,随着干旱时间的增加,差异越来越显著;从根系形态指标方面说明了眉豆 2012 对干旱的抗性强于南汇 23。

有学者对滨藜 2 个不同品系在高盐离子浓度胁迫下的脯氨酸含量进行分析,结果表明,脯氨酸含量高的品系对高盐离子浓度具有更强的耐受性。有学者对 4 种湿地植物的抗盐性进行研究,结果表明,脯氨酸含量升高幅度大的植物对干旱的抗性水平高。本研究表明,干旱条件下,眉豆 2012 根系脯氨酸含量与对照相比上升幅度显著高于南汇 23,说明眉豆 2012 对干旱的抗性高于南汇 23。

SOD、POD、CAT 活性与植物对胁迫的抗性密切相关。有学者对狗牙根不同品系进行研究,结果表明,抗旱品种酶活性显著高于不抗旱品种;有学者在小麦抗旱研究中也得出类似结论。逆境胁迫导致植物体内活性氧大量积累,从而使植物受到氧化胁迫。MDA 是细胞膜脂过氧化降解的产物。随着氧化胁迫程度的加深,MDA 含量不断升高。植物体内 SOD、POD、CAT 等活性氧清除相关酶能够及时清除活性氧,因此,SOD、POD、CAT 活性与 MDA 含量成反比。本研究表明,干旱 10 d 后,眉豆 2012 的 SOD、POD、CAT 活性高于南汇 23。

综上所述,眉豆 2012 对干旱胁迫的抗性高于南汇 23,为相对抗旱品种。

第 3 章　扁豆 F_2 群体的遗传图谱构建

遗传图谱是基因定位、基因图位克隆、基因组学研究、分子标记辅助育种等工作的基础。遗传图谱构建、基于遗传图谱的 QTL 定位和效应分析已成为遗传育种领域的研究热点。茎色、叶柄色、叶脉色、叶色、苞叶色、长叶色、花色、荚色、籽粒色均为质量性状。笔者利用 F_2 群体构建扁豆遗传图谱，为扁豆分子育种工作奠定基础。

3.1　材料与方法

3.1.1　材料

本研究所使用的材料是农艺性状具有明显差异的河南汝阳地方扁豆资源眉豆 2012 及上海南汇地区扁豆资源南汇 23。两亲本杂交后产生 F_1 群体，F_1 群体自交得到 F_2 群体 136 株用于遗传图谱构建。

CTAB 缓冲液：100 mmol/L Tris - HCl（pH = 8.0），1.4 mol/L NaCl，20 mmol/L EDTA，2% CTAB，1%PVP。

50×TAE（电泳缓冲液贮存液）：242 g/L Tris 碱，57.1% 冰乙酸，100 mL 0.5 mol/L EDTA（pH=8.0）。

TE 溶液：10 mmol/L Tris-HCl（pH=8.0）、1 mmol/L EDTA（pH=8.0），灭菌后 4 ℃保存。

凝胶上样缓冲液：40% 甘油，0.5% 溴酚蓝，0.5% 甲基橙。

氯仿、异戊醇、乙醇、灭菌蒸馏水、石油醚、分子生物学纯琼脂糖、相对分子质量标记、溴化乙锭（10 mg/mL）。

3.1.2　方法

3.1.2.1　DNA 提取

取扁豆鲜嫩或冻存嫩叶 200 mg，置于液氮中研磨成粉末，移至 1.5 mL 离心管中，加入 600 μL 预热至 65 ℃的 CTAB 缓冲液，于 65 ℃水浴 1~2 h。取上清液,加入等体积三氯甲烷：异戊醇(体积比为 24∶1),颠倒混匀,离心(1 200 r/min、10 min)。取上清液放入另一离心管中,加入等体积预冷的异丙醇,轻轻反复混匀产生絮状 DNA 沉淀,静置 30 min,离心(1 200 r/min、10 min),弃去上清液,然后加入 70%乙醇清洗 2 次,风干。加入 300 μL 1×TE∶RnaseA($V∶V$=993 μL∶7 μL)混合液,于 37 ℃温育 50 min。用紫外分光光度计测定 DNA 纯度,取少量样品电泳确定 DNA 的完整性及浓度,琼脂糖凝胶的浓度为 1%。样品稀释到 100 ng/μL,4 ℃保存备用。

3.1.2.2　RAPD 程序

优化好的 PCR 的反应体系为 10 μL 体系:40~60 ng 的模板 DNA,$MgCl_2$ 1.6 mmol/L,dNTP 200 μmol/L,引物 2 nmol/L,Taq 聚合酶 1.25 U。用重蒸水调制最终体积至 10 μL,反应混合物上用 20 μL 石蜡油覆盖。

优化好的 PCR 程序:94 ℃、3 min 预变性;45 个循环,94 ℃、15 s,37 ℃、30 s,72 ℃、50 s;1 个循环,72 ℃、6 min,4 ℃保存。

PCR 扩增产物用 1%琼脂糖凝胶电泳分离,电泳缓冲液为 1×TBE,260 V 恒压 30 min。电泳并经 EB 染色后在凝胶成像系统上采集图像。

3.1.2.3　F_2 群体的形态性状调查

亲本眉豆 2012、南汇 23,F_1 群体、F_2 群体均种植在上海交通大学农业实验基地的大田中。F_2 群体采用随机区组设计,株行距为 100 cm×60 cm。

茎色(Ps):在开花期进行调查,计为 1 和 2;1 表示绿色,2 表示紫色。

叶柄色(Ppe):在开花期进行调查,计为 1 和 2;1 表示绿色,2 表示紫色。

叶脉色(PV):在开花期进行调查,计为 1 和 2;1 表示绿色,2 表示朱红色。

叶色(Pl):在开花期进行调查,计为 1 和 2;1 表示绿色,2 表示深绿色。

苞叶色(Pb):在开花期进行调查,计为 1 和 2;1 表示绿色,2 表示深绿色带有朱红色斑点。

长叶毛(Cl):在开花期进行调查,计为 1 和 2;1 表示叶毛长且密,2 表示叶毛短小稀疏。

花色(Fc):在开花期进行调查,计为 1 和 2;1 表示白色,2 表示紫色。

荚色(Pp):在结荚后期进行调查,计为 1 和 2;1 表示绿色,2 表示朱红色。

籽粒色(Scc):在种子干燥后进行调查,计为 1 和 2;1 表示棕色,2 表示黑色。

3.1.2.4　遗传图谱构建

所有 RAPD 片段都计为显性标记,并进行卡方检验,检测是否符合 3∶1 的孟德尔定律。使用 MAPMAKER version 3.0 软件对 F$_2$ 群体的分子标记基因型进行遗传图谱构建。遗传图谱构建过程中用到命令"group""compare""try""ripple",并设置 LOD=4.0,以最大图距 30.0 cM 为阈值。

3.2　结果与分析

3.2.1　引物筛选和 F$_2$ 群体中 RAPD 的分离

笔者共选择 696 条 RAPD 引物对两亲本进行多态性筛选,其中 110 条引物在双亲间表现多态性,多态性引物比例为 15.8%。两亲本 RAPD 引物筛选结果如图 3-1 所示,亲本间存在的多态性清晰、明显。笔者用这些筛选出的引物进行群体分析,97 条引物(比例为 13.9%)的扩增产物带型清晰稳定,产生 180 个标记,平均每条引物产生 1.86 个标记。这些标记可用于遗传图谱构建。

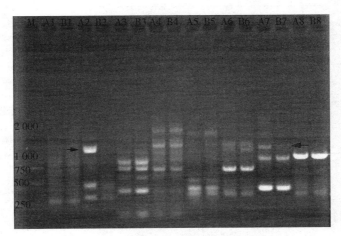

图 3-1　两亲本 RAPD 引物筛选结果

注:M 为 marker,A 为眉豆 2012,B 为南汇 23,1~8 依次为引物 Operon E07~Operon E14,
箭头所示为多态性位点。

3.2.2　形态性状表型评估

　　9 个形态性状(茎色、叶柄色、叶脉色、叶色、苞叶色、长叶毛、花色、荚色、籽粒色)在母本眉豆 2012 和父本南汇 23 间存在明显差异。如表 3-1 所示，F_1 群体植株表现型与父本完全相同。在 F_2 群体中，茎色、叶色、叶脉色、荚色、长叶毛符合 1∶1 分离规律;叶柄色、苞叶色、花色和籽粒色符合 3∶1 分离规律，表明这 4 个形态性状均由单基因控制。9 个形态性状可以作为形态标记用于扁豆遗传图谱构建。

表 3-1　扁豆亲本及 F_1 群体形态性状统计系数表

形态性状	母本眉豆 2012	父本南汇 23	F_1 群体
Ps	绿色	紫色	紫色
Ppe	绿色	紫色	紫色
PV	绿色	朱红色	朱红色
Pl	绿色	深绿色	深绿色
Pb	绿色	深绿色带有朱红色斑点	深绿色带有朱红色斑点
Cl	叶毛长且密	叶毛短小稀疏	叶毛短小稀疏
Fc	白色	紫色	紫色
Pp	绿色	朱红色	朱红色
Scc	棕色	黑色	黑色

3.2.3　遗传图谱构建

　　笔者将 180 个多态性标记、9 个形态标记用于遗传图谱构建。当 LOD 设定为 4.0 时，遗传图谱共有 131 个标记，其中 122 个 RAPD、9 个形态标记，构成 14

个连锁群。图谱涵盖 1 302.4 cM,平均图距为 9.9 cM(图 3-2)。由表 3-2 可知,14 个连锁群所含的标记个数有 2~25 个,连锁群平均长度为 93.0 cM。最大的连锁群由 25 个标记构成,长度为 179.0 cM,平均图距为 7.16 cM。最小的连锁群只有 2 个标记,长度为 4.7 cM,平均图距为 2.35 cM。

该图谱中 9 个形态标记均位于第 4 连锁群下端,形态标记间没有其他分子标记位点。籽粒色、花色、叶脉色呈紧密连锁关系;荚色、叶柄色、茎色、叶色和苞叶色也呈紧密连锁关系,位于叶脉色标记与长叶毛标记之间,分别距离两标记 24.6 cM 和 29.5 cM。长叶毛标记位于第 4 连锁群最下端,与其他标记没有明显的连锁关系。

表 3-2　扁豆遗传连锁图谱上标记分布情况

连锁群	标记个数	连锁群长度/cM	平均图距/cM
1	25	179.0	7.16
2	16	121.3	7.58
3	9	99.7	11.07
4	14	116.4	8.31
5	25	229.5	9.18
6	14	131.9	9.42
7	5	100.4	20.08
8	8	162.5	20.41
9	4	56.0	14.0
10	3	48.7	16.23
11	2	4.7	2.35
12	2	11.9	5.59
13	2	20.4	10.2
14	2	20.0	10.0

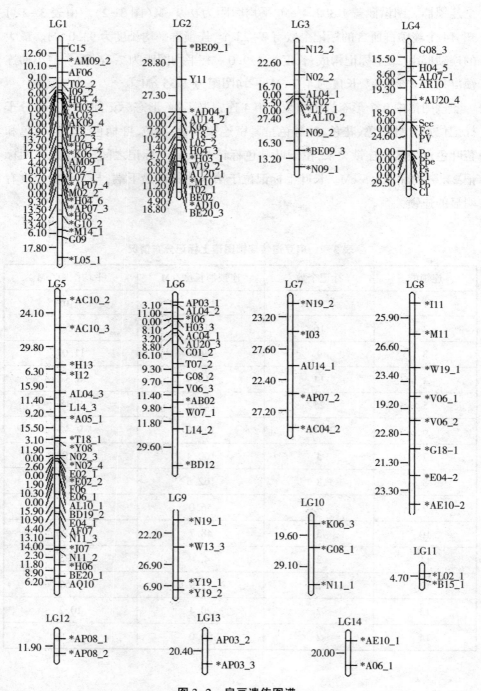

图 3-2　扁豆遗传图谱

注:连锁群左面为标记间距离(cM),右面为标记的名称;＊表示偏分离标记。

笔者对上述 122 个 RAPD 的分离情况进行卡方检测,当 $p<0.01$ 时,图谱中有 63 个 RAPD 偏分离,其中 31 个 RAPD 偏向母本眉豆 2012,32 个 RAPD 偏向父本南汇 23。偏分离标记分布在所有连锁群上,连锁群某些区域存在偏分离标记富集现象,偏分离标记方向一致且成簇分布。该现象在第 3 连锁群下端和第5 连锁群上端表现最为突出。第 9～14 连锁群上的标记全部为偏分离标记。RAPD 引物 Operon AC03 对 F_2 群体部分单株的扩增结果如图 3-3 所示。

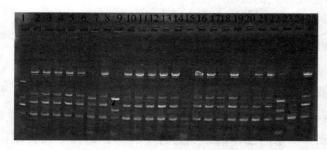

图 3-3　RAPD 引物 Operon AC03 对 F_2 群体部分单株的扩增结果

注:1～25 为扁豆群体中编号为 1～25 的扁豆单株,箭头所示为多态性位点。

3.3　讨论

3.3.1　扁豆遗传图谱

笔者运用 RAPD 构建扁豆遗传图谱,并以扁豆形态性状为标记,结果表明,9 个形态标记均定位在第 4 连锁群上,籽粒色、花色、叶脉色 3 个标记位于连锁群上同一位点,荚色、叶柄色、茎色、叶色、苞叶色 5 个标记也位于同一位点。有学者认为紧密连锁的性状可能受同一基因控制或影响。本研究表明,花色和籽粒色紧密连锁,这与有学者认为豇豆花色与籽粒色由单基因控制并连锁的结果相似,这可能由于豇豆与扁豆亲缘关系较近。有学者认为红小豆茎色与籽粒色连锁,而与荚色不连锁,这与本研究结果不同。本研究表明,扁豆荚色与茎色连锁,与籽粒色无连锁关系。

笔者构建的遗传图谱由 14 个连锁群构成,但第 9~14 连锁群过小,尚不能与扁豆染色体数有效对应;这可能由于本研究的分离群体较小以及目前的标记数目少,尚不能均衡地覆盖整个扁豆染色体。有学者构建的扁豆遗传图谱包含 17 个连锁群,与该扁豆遗传图谱相比,本研究遗传图谱标记间的平均图距稍大,原因如下:一是标记种类单一,仅有 RAPD 和形态标记 2 种形式;二是在扁豆遗传图谱构建过程中,RAPD 体系不稳定、引物位点间竞争造成未连锁标记过多,使得遗传图谱标记密度降低;三是本研究图谱的亲本属于同一亚种,亲缘关系较近,使得多态性标记的检出率低。

3.3.2 RAPD 在分离群体中的分离

标记的偏分离现象是自然界中普遍存在的现象,几乎在所有已构建的遗传图谱中存在。标记的偏分离现象是配子体的竞争、孢子体的选择造成的,偏分离程度受性别和双亲间互作的影响。有学者构建的扁豆遗传图谱中的 RAPD 偏离父本,该学者认为扁豆遗传图谱中标记的偏分离现象是父本染色体上携带 1 个致死基因导致的。本书构建的遗传图谱中,32 个 RAPD 偏离父本南汇 23,31 个 RAPD 偏离母本眉豆 2012,偏离双亲的标记个数为 1:1。

研究人员在许多作物(如玉米)的遗传图谱中都发现了偏分离标记富集区域。本研究表明:某些连锁群上存在偏分离标记富集现象,如第 3 连锁群的下端和第 5 连锁群的上端;第 9~14 连锁群上标记全部偏分离并富集,这些偏分离标记方向一致。有学者认为在植物生命周期的早期会形成一些偏分离位点的染色体偏分离区域,若一个偏分离位点在群体中发生分离,那么与其连锁的相邻标记也会表现一定的偏分离。

第 4 章　扁豆花序性状 QTL 定位

扁豆是豆科植物中花序性状品种间差异大的作物之一。笔者以 F_2 群体（以 2 个花序性状差异大的农家品种为亲本得到的）及 F_3 群体（由 F_2 群体每一单株产生的）为实验材料，依托前面构建的遗传图谱，对扁豆花序性状进行 QTL 定位，以了解扁豆花序性状的遗传基础，探明花序性状与扁豆产量的关系，从而为扁豆分子标记辅助育种奠定基础。

4.1　材料与方法

4.1.1　材料

眉豆 2012 和南汇 23 杂交后产生 F_1 群体，F_1 群体自交得到 F_2 群体（136 株），F_2 群体再自交得到 F_3 群体（136 株）。F_2 群体及 F_3 群体用于性状的定位。

4.1.2　方法

亲本眉豆 2012、南汇 23，F_1 群体，F_2 群体，F_3 群体均种植于上海交通大学农业实验基地的大田中，笔者调查了 9 个花序性状（均为数量性状），调查性状和调查标准如下。扁豆花序示意如图 4-1 所示。

花轴长度（FARL）是从花枝上延伸出花序的位置至花序最顶端的长度。待始花节位上的花序及以上 2 个花序的花全部开花后，测量 10 个花轴长度，取平均值。

花序长度（IL）是从花序上的叶腋至花序最顶端的长度。待始花节位上的花序及以上 2 个花序的花全部开花后，测量 10 个花序长度，取平均值。

花序至叶腋间的花梗长度（PAA）是从花枝上延伸出花序的位置至花序上叶腋的花梗长度。待始花节位上的花序及以上 2 个花序的花全部开花后，测量 10 个花序至叶腋间的花梗长度，取平均值。

叶腋到第 1 朵花的花梗长度（PAFF）是从花序上的叶腋至花序最底端小花的花梗长度。待始花节位上的花序及以上 2 个花序的花全部开花后，测量 10 个叶腋到第 1 朵花的花梗长度，取平均值。

花序两端花间的花梗长度(PEF)是一花序上两端小花间的花梗长度。待始花节位上的花序及以上 2 个花序的花全部开花后,测量 10 个花序两端花间的花梗长度,取平均值。

花序节数(NI)是一花序上着生小花的花节数目。待始花节位上的花序及以上 2 个花序的花全部开花后,取 3 个花序节数的平均值。

花节间距(RIL)是花序两端花间的花梗长度与(花序节数-1)的比值,表示花序上小花节位间的平均距离。

初花节位(NFI)是植株上最先开花的花序所在植株主茎上的节位。

最低花节(NLI)是植株主茎上最下部花序所在的节位。

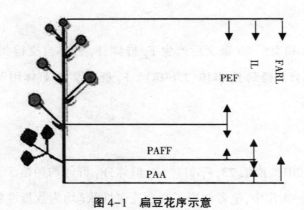

图 4-1　扁豆花序示意

4.1.3　统计分析和 QTL 定位

笔者用 SAS 软件分析了 9 个花序性状的表型分布情况,得到了平均值、群体范围、标准差、变异系数、偏度、峰度等指标的数据,并分析了所有性状间的相关关系。

笔者用 WinQTLCart2.5 软件进行 QTL 定位,用复合区间作图法检测多效 QTL 位点。条件设定:LOD = 2.5, permutations = 1 000, walk speed = 1, control maker number = 5, window size = 10。

4.2　结果与分析

4.2.1　花序性状表型评估及相关性分析

花序性状的统计结果如表 4-1 所示。9 个花序性状在双亲间存在显著差异。除初花节位和最低花节外,F_1 群体各性状平均值均比双亲平均值小;除 F_2 群体花序节数、F_3/A 群体花序两端花间的花梗长度、F_3/S 群体花序节数外,F_2 群体、F_3 群体各性状平均值比双亲平均值大。由峰度和偏度可知,所有性状的峰度和偏度都小于 1 或稍大于 1,表明在 3 个群体中各性状两侧极端数据较少,多集中在中央附近,符合正态分布。

如图 4-2 所示,9 个花序性状连续分布,花轴长度与花序长度频数分布规律相似。综上所述,该群体适合花序性状 QTL 分析。

表 4-1　花序性状的统计结果

群体	性状	平均值/cm	群体范围/cm	标准差	变异系数	偏度	峰度	P_1 平均值	P_2 平均值	双亲平均值
F_1	FARL	12.6	2.5~32.0	8.2	65.6	0.8	-0.27	8.8	37.4	23.1
	IL	7.4	2.0~24.0	6.0	81.6	1.1	1.00	4.5	21.3	12.9
	PAA	5.2	3.0~14.5	3.2	61.5	1.0	0.50	4.3	16.1	10.2
	PAFF	3.1	0.5~10.0	2.7	85.9	1.2	1.00	2.2	10.1	6.2
	PEF	4.4	1.0~14.0	3.3	76.1	0.5	0.80	2.3	11.2	6.8
	NI	8.2	3.0~16.0	3.3	40.1	0.8	0.40	5.1	13.0	9.1
	RIL	0.9	0.3~1.6	0.4	43.6	0.03	-0.50	0.4	1.8	1.1
	NFI	6.9	6.1~9.3	2.5	38.5	0.6	0.50	4.5	8.8	6.7
	NLI	5.2	4.2~7.5	2.1	30.4	0.7	1.00	3.8	6.4	5.1

续表

群体	性状	平均值/cm	群体范围/cm	标准差	变异系数	偏度	峰度	P_1平均值	P_2平均值	双亲平均值
F_2	FARL	26.4	2.4~60.2	11.4	43.2	0.1	−0.02	8.0	35.7	21.9
	IL	16.1	1.4~43.7	8.2	50.8	0.4	−0.02	3.8	19.7	11.8
	PAA	10.3	0~21.3	4.5	43.5	−0.2	−0.17	4.2	16.0	10.1
	PAFF	7.3	0.8~14.0	2.9	39.7	−0.1	−0.43	2.4	8.4	5.4
	PEF	8.8	0.6~32.2	5.7	64.9	0.9	1.15	1.4	11.3	6.4
	NI	6.5	3.0~13.7	1.8	28.4	0.9	1.10	5.3	7.8	6.6
	RIL	1.5	0.3~3.9	0.7	47.6	0.2	−0.27	0.3	1.4	0.9
	NFI	7.4	3.0~14.0	2.2	29.1	0.4	0.02	5.7	8.7	7.2
	NLI	5.8	2.0~14.0	1.9	33.3	0.9	1.00	5.3	5.0	5.2
F_3/A	FARL	28.5	1.4~52.5	14.4	50.4	−0.6	−1.03	4.4	49.1	26.8
	IL	19.8	1.2~52.5	10.8	54.7	−0.4	−1.20	2.5	35.8	19.2
	PAA	9.0	0.2~31.5	4.7	51.8	0.3	1.10	1.8	13.2	7.5
	PAFF	6.5	0.4~12.7	3.1	48.0	−0.4	−0.82	1.2	8.3	4.8
	PEF	13.0	0.8~30.6	7.9	60.5	−0.2	−1.16	1.3	27.5	14.4
	NI	9.7	2.8~16.3	3.7	38.8	−0.3	−1.33	4.0	15.0	9.5
	RIL	1.3	0.3~2.8	0.5	39.2	−0.5	−0.46	0.4	2.0	1.2
	NFI	6.5	3.3~13.7	2.0	30.4	1.0	1.03	5.0	6.3	5.7
	NLI	5.3	3.0~10.5	1.7	31.8	0.9	1.05	4.3	4.0	4.2
F_3/S	FARL	23.5	3.0~39.5	10.4	44.4	−0.7	−0.89	8.6	32.7	20.7
	IL	15.5	2.1~27.6	7.1	45.6	−0.6	−0.86	6.5	18.9	12.7
	PAA	8.0	0.7~13.3	3.5	44.0	−0.5	−0.97	3.7	10.0	6.9
	PAFF	6.0	0.9~9.3	2.4	39.5	−0.8	−0.66	2.8	8.9	5.9

续表

群体	性状	平均值/cm	群体范围/cm	标准差	变异系数	偏度	峰度	P₁平均值	P₂平均值	双亲平均值
	PEF	9.6	0.9~19.1	4.8	50.1	-0.5	-0.91	2.1	13.8	8.0
	NI	7.4	0.4~10.8	2.1	27.6	-0.8	0.09	5.0	9.7	7.4
	RIL	1.3	0.4~1.9	0.48	36.5	-0.7	-1.10	0.5	1.6	1.1
	NFI	5.0	3.6~6.7	0.6	12.4	0.1	-0.30	4.3	5.3	4.8
	NLI	4.4	2.7~6.0	0.7	16.6	-0.2	-0.43	3.0	4.3	3.7

注:P₁是眉豆 2012,P₂是南汇 23;F₃/A 为 F₃ 秋季群体,F₃/S 为 F₃ 春季群体。

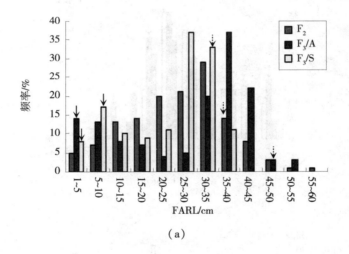

(a)

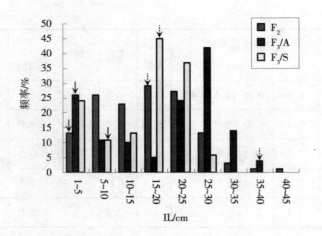

(b)

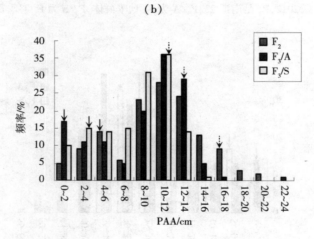

(c)

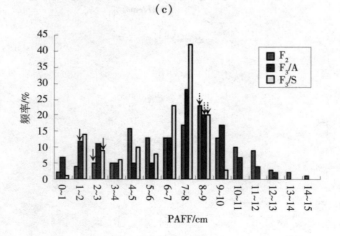

(d)

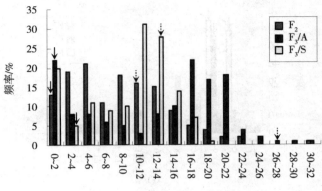

（e）

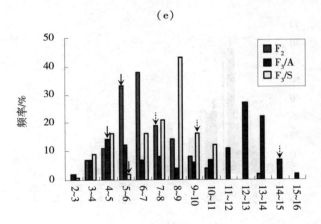

（f）

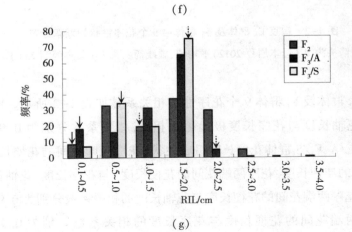

（g）

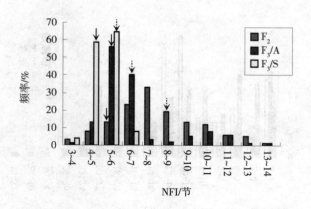

（h）

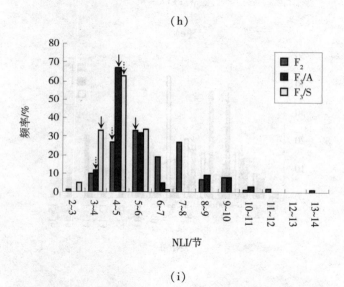

（i）

图4-2　扁豆 F₂ 群体及 F₃ 群体中 9 个花序性状的频率分布

注:实线箭头为 P_1(母本眉豆 2012)平均值,虚线箭头为 P_2(父本南汇 23)平均值。

扁豆 F_2 群体及 F_3 群体 9 个花序性状相关系数如表 4-2 所示。F_2、F_3/A、F_3/S 群体花轴长度与花序长度极显著正相关,相关系数分别为 0.95、0.97、0.99。F_2、F_3/A、F_3/S 群体花序长度组成性状(花序至叶腋间的花梗长度、叶腋到第 1 朵花的花梗长度、花序两端花间的花梗长度)与花序长度、花轴长度极显著正相关;花序两端花间的花梗长度与花轴长度的相关系数分别为 0.93、0.95、0.99,花序两端花间的花梗长度与花序长度的相关系数分别为 0.98、0.99、0.99,叶腋到第 1 朵花的花梗长度与花轴长度的相关系数分别为 0.85、0.92、

0.97,叶腋到第 1 朵花的花梗长度与花序长度的相关系数分别为 0.90、0.91、0.98,花序至叶腋间的花梗长度与花轴长度的相关系数分别为 0.82、0.85、0.97,花序至叶腋间的花梗长度与花序长度的相关系数分别为 0.59、0.71、0.94。F_2、F_3/A、F_3/S 群体花序长度组成性状间相关性较高,叶腋到第 1 朵花的花梗长度与花序两端花间的花梗长度相关系数分别为 0.78、0.85、0.95;花序至叶腋间的花梗长度与叶腋到第 1 朵花的花梗长度的相关系数、花序至叶腋间的花梗长度与花序两端花间的花梗长度的相关系数稍低于叶腋到第 1 朵花的花梗长度与花序两端花间的花梗长度的相关系数。

F_2、F_3/A、F_3/S 群体花序节数与花轴长度极显著正相关,相关系数分别为 0.81、0.92、0.95;F_2、F_3/A、F_3/S 群体花节间距与花序长度极显著正相关,相关系数分别为 0.86、0.92、0.94;F_2、F_3/A、F_3/S 群体花序节数与花序两端花间的花梗长度极显著正相关,相关系数分别为 0.80、0.96、0.96;F_2、F_3/A、F_3/S 群体花节间距与花序两端花间的花梗长度极显著正相关,相关系数分别为 0.83、0.90、0.93。

F_2 群体初花节位、最低花节与花序长度组成性状间无明显的相关性;F_3/A 群体初花节位与花序两端花间的花梗长度极显著负相关,最低花节与花序两端花间的花梗长度显著负相关;F_3/S 群体初花节位、最低花节与花序长度组成性状显著或极显著正相关。F_2、F_3/A、F_3/S 群体花序节数与花节间距极显著正相关,相关系数分别为 0.39、0.78、0.86。初花节位与花节间距仅在 F_3/S 群体中显著正相关。F_2、F_3/A、F_3/S 群体初花节位与最低花节极显著正相关,相关系数分别为 0.61、0.89、0.83。

表4-2　扁豆 F_2 群体及 F_3 群体9个花序性状相关系数

	性状	FARL	IL	PAA	PAFF	PEF	NI	RIL	NFI
F_2	FARL	1							
	IL	0.95 **	1						
	PAA	0.82 **	0.59 **	1					
	PAFF	0.85 **	0.90 **	0.52 **	1				
	PEF	0.93 **	0.98 **	0.58 **	0.78 **	1			
	NI	0.81 **	0.76 **	0.68 **	0.57 **	0.80 **	1		
	RIL	0.76 **	0.86 **	0.37 **	0.79 **	0.83 **	0.39 **	1	
	NFI	−0.09	−0.08	−0.07	−0.07	−0.09	−0.1	−0.01	1
	NLI	0.05	0.07	0.006	0.06	0.07	0.06	0.06	0.61 **
F_3/A	FARL	1							
	IL	0.97 **	1						
	PAA	0.85 **	0.71 **	1					
	PAFF	0.92 **	0.91 **	0.73 **	1				
	PEF	0.95 **	0.99 **	0.68 **	0.85 **	1			
	NI	0.92 **	0.94 **	0.67 **	0.80 **	0.96 **	1		
	RIL	0.91 **	0.92 **	0.68 **	0.90 **	0.90 **	0.78 **	1	
	NFI	−0.12	−0.19	0.03	0.05	−0.27 **	−0.02	−0.37 **	1
	NLI	−0.07	−0.12	0.03	0.08	−0.18 *	0.10	0.29 **	0.89 **

续表

	性状	FARL	IL	PAA	PAFF	PEF	NI	RIL	NFI
F_3/S	FARL	1							
	IL	0.99 **	1						
	PAA	0.97 **	0.94 **	1					
	PAFF	0.97 **	0.98 **	0.91 **	1				
	PEF	0.99 **	0.99 **	0.93 **	0.95 **	1			
	NI	0.95 **	0.96 **	0.90 **	0.93 **	0.96 **	1		
	RIL	0.94 **	0.94 **	0.90 **	0.92 **	0.93 **	0.86 **	1	
	NFI	0.30 **	0.28 **	0.33 **	0.21 *	0.31 **	0.24 **	0.26 **	1
	NLI	0.50 **	0.47 **	0.53 **	0.41 **	0.49 **	0.40 **	0.45 **	0.83 **

注：* 表示 $p<0.05$，** 表示 $p<0.01$。

4.2.2　花序性状 QTL 定位

笔者利用 F_2、F_3/A、F_3/S 群体对花序性状进行 QTL 定位，结果如图 4-3 和表 4-3 所示。

花轴长度性状有 7 个 QTL 位点。F_2 群体检测到 2 个 QTL 位点，F_3/S 群体检测到 4 个 QTL 位点，F_3/A 群体检测到 1 个 QTL 位点，这些位点的贡献率为 13.02%～48.71%；*farl* 4.1 的贡献率最高，为 48.71%。*farl* 5.1 在 F_2、F_3/A、F_3/S 群体中稳定表达。

花序长度性状有 5 个 QTL 位点。F_3/S 群体检测到 3 个 QTL 位点，F_3/A 群体检测到 2 个 QTL 位点，这些位点的贡献率为 11.16%～19.97%；*il* 7.1 的贡献率最高，为 19.97%。*il* 6.1 和 *il* 7.1 在 F_3/A、F_3/S 群体中稳定表达。

花序至叶腋间的花梗长度性状有 5 个 QTL 位点。F_2 群体检测到 1 个 QTL 位点，F_3/S 群体检测到 3 个 QTL 位点，F_3/A 群体检测到 4 个 QTL 位点，这些位点的贡献率为 18.04%～38.43%；*paa* 4.1 的贡献率最高，为 38.43%。*paa* 14.1 在 F_2、F_3/A、F_3/S 群体中稳定表达。

叶腋到第 1 朵花的花梗长度性状有 15 个 QTL 位点。F_2 群体检测到 3 个 QTL 位点，F_3/S 群体检测到 3 个 QTL 位点，F_3/A 群体检测到 9 个 QTL 位点，这些位点的贡献率为 9.56% ~ 23.60%；*paff* 7.1 的贡献率最高，为 23.60%。*paff* 7.1 在 F_2、F_3/A、F_3/S 群体中稳定表达。

花序两端花间的花梗长度性状有 3 个 QTL 位点。F_2 群体检测到 2 个 QTL 位点，F_3/A 群体检测到 1 个 QTL 位点，这些位点的贡献率为 9.68% ~ 25.30%；*pef* 5.1 贡献率最高，为 25.3%。

花序节数性状有 7 个 QTL 位点。F_2 群体检测到 1 个 QTL 位点，F_3/S 群体检测到 3 个 QTL 位点，F_3/A 群体检测到 3 个 QTL 位点，这些位点的贡献率为 11.72% ~ 54.98%；*ni* 10.1 贡献率最高，为 54.98%。*ni* 12.1 在 F_2 群体中稳定表达，*ni* 1.1、*ni* 5.1、*ni* 10.1 在 F_3/A、F_3/S 群体中稳定表达。

花节间距性状有 6 个 QTL 位点。F_2、F_3/A、F_3/S 群体均检测到 2 个 QTL 位点，这些位点的贡献率为 11.14% ~ 17.16%；*ril* 1.1 贡献率最高，为 17.16%。*ril* 5.1 在 F_3/A、F_3/S 群体中稳定表达。

初花节位性状有 11 个 QTL 位点。F_2 群体检测到 2 个 QTL 位点，F_3/S 群体检测到 3 个 QTL 位点，F_3/A 群体检测到 6 个 QTL 位点，这些位点的贡献率为 8.08% ~ 20.57%；*nfi* 1.1 的贡献率最高，为 20.57%。*nfi* 1.1、*nfi* 4.1 在 F_2、F_3/A、F_3/S 群体中稳定表达。

最低花节性状有 10 个 QTL 位点。F_2 群体检测到 3 个 QTL 位点，F_3/A 群体检测到 4 个 QTL 位点，F_3/S 群体检测到 3 个 QTL 位点，这些位点的贡献率为 8.10% ~ 24.45%；*nli* 5.1 贡献率最高，为 24.45%。*nli* 1.2 和 *nli* 6.1 在 F_3/A、F_3/S 群体中稳定表达，*nli* 5.1 在 F_2、F_3/A 群体中稳定表达，*nli* 7.1 在 F_2、F_3/S 群体中稳定表达。

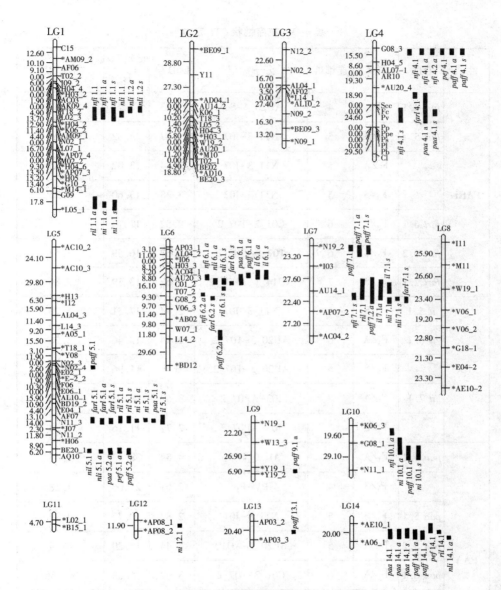

图 4-3 花序性状 QTL 定位

注:定位到的 QTL 位点位于连锁群的右侧,以黑色实心长条表示。

表 4-3　花序性状 QTL 定位

性状	QTL	群体	连锁群	分子标记	LOD 值	贡献率/%	加性效应
FARL	*farl* 4.1	F₂	4	AU20_4-Scc	3.83	48.71	0.53
	farl 5.1	F₂	5	N11_3-J07	2.87	13.82	7.84
		F₃/A	5	N11_3-J07	3.44	13.02	4.35
		F₃/S	5	N11_3-J07	3.38	15.60	4.25
	farl 6.1	F₃/S	6	C01_2-T07_2	2.52	12.73	0.47
	farl 6.2	F₃/S	6	T07_2-G08_2	2.67	16.59	1.53
	farl 7.1	F₃/S	7	AU14_1-AP07_2	2.52	13.19	2.86
IL	*il* 5.1	F₃/S	5	N11_3-J07	2.94	17.51	5.70
	il 6.1	F₃/A	6	AU20_3-T07_2	2.94	13.46	3.26
		F₃/S	6	AU20_3-T07_2	3.3	11.96	0.77
	il 7.1	F₃/A	7	I03-AP07_2	3.52	19.97	6.77
		F₃/S	7	I03-AP07_2	2.77	11.16	2.94
PAA	*paa* 4.1	F₃/A	4	AU20_4-Pp	4.84	38.43	1.45
		F₃/S	4	PV-Pp	2.61	21.06	1.38
	paa 5.1	F₃/S	5	N11_3-J07	2.83	10.77	4.79
	paa 5.2	F₃/A	5	BE20_1-AQ10	3.44	18.20	6.54
	paa 6.1	F₃/A	6	C01_2-T07_2	3.07	15.85	-1.36
	paa 14.1	F₂	14	AE10_1-A06_1	2.92	18.04	-2.46
		F₃/A	14	AE10_1-A06_1	3.84	26.46	-2.29
		F₃/S	14	AE10_1-A06_1	2.85	26.61	-2.68

续表

性状	QTL	群体	连锁群	分子标记	LOD 值	贡献率/%	加性效应
PAFF	*paff* 4.1	F_3/A	4	G08_3−H04_5	4.84	10.66	5.02
		F_3/S	4	G08_3−H04_5	2.60	9.56	1.38
	paff 5.1	F_2	5	N02_4−E02_1	2.93	10.10	0.06
	paff 5.2	F_3/A	5	BE20_1−AQ10	3.44	15.68	7.41
	paff 6.1	F_3/A	6	C01_2−T07_2	2.56	11.17	0.35
	paff 6.2	F_3/A	6	W07_1−L14_2	3.48	19.15	−0.05
	paff 7.1	F_2	7	N19_2−I03	2.74	12.40	5.0
		F_3/A	7	N19_2−I03	4.28	23.60	8.84
		F_3/S	7	N19_2−I03	3.23	13.42	4.74
	paff 7.2	F_3/A	7	I03−AP07_2	3.72	20.73	1.64
	paff 9.1	F_3/A	9	Y19_1−Y19_2	2.63	21.28	3.69
	paff 10.1	F_3/A	10	K06_3−N11_1	2.77	13.40	0.78
	paff 13.1	F_2	13	AP03_2−AP03_3	2.53	14.60	6.1
	paff 14.1	F_3/A	14	AE10_1−A06_1	3.03	18.55	−4.28
		F_3/S	14	AE10_1−A06_1	2.76	12.73	−2.04
PEF	*pef* 4.1	F_2	4	G08_3−H04_5	2.68	9.68	3.36
	pef 5.1	F_3/A	5	BE20_1−AQ10	3.95	25.30	12.28
	pef 14.1	F_2	14	AE10_1−A06_1	2.88	18.60	−3.77

续表

性状	QTL	群体	连锁群	分子标记	LOD 值	贡献率/%	加性效应
NI	*ni* 1.1	F_3/A	1	G09-L05_1	2.60	24.77	7.63
		F_3/S	1	G09-L05_1	3.20	19.71	5.66
	ni 5.1	F_3/A	5	N11_3-J07	2.88	11.77	6.54
		F_3/S	5	N11_3-J07	2.60	11.72	3.85
	ni 10.1	F_3/A	10	G08_1-N11_1	4.16	54.98	-2.25
		F_3/S	10	G08_1-N11_1	3.48	31.83	-1.19
	ni 12.1	F_2	12	AP08_1-AP08_2	2.57	18.03	-2.94
RIL	*ril* 1.1	F_3/A	1	G09-L05_1	4.13	17.16	7.58
	ril 5.1	F_3/A	5	N11_3-J07	3.74	16.78	7.71
		F_3/S	5	N11_3-J07	3.20	15.29	4.42
	ril 6.1	F_3/S	6	C01_2-T07_2	2.70	11.14	1.05
	ril 7.1	F_2	7	I03-AP07_2	3.10	12.35	2.78
	ril 14.1	F_2	14	AE10_1-A06_1	2.51	15.18	-3.08

续表

性状	QTL	群体	连锁群	分子标记	LOD 值	贡献率/%	加性效应
NFI	nfi 1.1	F_2	1	H04_2-K06_2	5.94	20.57	6.58
		F_3/A	1	H04_2-K06_2	3.86	12.13	5.93
		F_3/S	1	H04_2-K06_2	5.43	19.16	5.73
	nfi 4.1	F_2	4	G08_3-H04_5	3.75	13.23	4.43
		F_3/A	4	G08_3-H04_5	2.61	8.18	3.96
		F_3/S	4	Pv-Pp	3.51	13.30	3.69
	nfi 4.2	F_3/A	4	G08_3-H04_5	2.62	9.13	4.88
	nfi 6.1	F_3/A	6	C01_2-T07_2	2.64	8.44	-0.64
	nfi 6.2	F_3/A	6	T07_2-G08_2	2.62	8.08	6.92
	nfi 7.1	F_3/S	7	AU14_1-AP07_2	2.68	16.63	0.74
	nfi 10.1	F_3/A	10	K06_3-G08_1	2.77	18.93	5.12
NLI	nli 1.1	F_2	1	K06_2-AM09_1	2.56	8.10	3.85
	nli 1.2	F_3/A	1	H04_2-K06_2	2.73	9.36	5.09
		F_3/S	1	H04_2-K06_2	2.73	9.12	3.95
	nli 5.1	F_2	5	BE20_1-AQ10	2.74	15.68	6.64
		F_3/A	5	BE20_1-AQ10	3.16	24.45	9.91
	nli 6.1	F_3/A	6	C01_2-T07_2	2.66	15.41	1.06
		F_3/S	6	C01_2-T07_2	2.81	14.2	-0.86
	nli 7.1	F_2	7	AU14_1-AP07_2	2.72	16.0	5.32
		F_3/S	7	AU14_1-AP07_2	2.53	15.83	2.78
	nli 14.1	F_3/A	14	AE10_1-A06_1	2.76	16.0	-1.44

注:加性效应正值表示来自眉豆 2012 的等位位点增加了该性状的表型值,加性效应负值表示来自南汇 23 的等位位点增加了该性状的表型值。

第 1 连锁群 H04_2-K06_2 区段内有 QTL 位点 *nfi* 1.1、*nli* 1.2。第 1 连锁群 G09-L05_1 区段内有 QTL 位点 *ni* 1.1、*ril* 1.1。第 4 连锁群 G08_3-H04_5 区段内有 QTL 位点 *paff* 4.1、*pef* 4.1、*nfi* 4.1、*nfi* 4.2。第 5 连锁群 N11_3-J07 区段内有 QTL 位点 *farl* 5.1、*il* 5.1、*paa* 5.1、*ni* 5.1、*ril* 5.1。第 5 连锁群 BE20_1-AQ10 区段内有 QTL 位点 *paa* 5.2、*paff* 5.2、*pef* 5.1、*nli* 5.1。第 6 连锁群 C01_2-T07_2 区段内有 QTL 位点 *farl* 6.1、*paa* 6.1、*paff* 6.1、*ril* 6.1、*nfi* 6.1、*nli* 6.1。第 7 连锁群 AU14_1-AP07_2 区段内有 QTL 位点 *farl* 7.1、*nfi* 7.1、*nli* 7.1。第 7 连锁群 I03-AP07_2 区段内有 QTL 位点 *il* 7.1、*paff* 7.2、*ril* 7.1。第 14 连锁群 AE10_1-A06_1 区段内有 QTL 位点 *paa* 14.1、*paff* 14.1、*pef* 14.1、*ril* 14.1、*nli* 14.1。

表 4-4　花序性状多效性 QTL

连锁群	位点临近的标记	QTL 数目	性状
1	H04_2-K06_2	5	NFI, NLI
1	G09-L05_1	3	NI, RIL
4	G08_3-H04_5	6	PAFF, PEF, NFI
5	N11_3-J07	9	FARL, IL, PAA, NI, RIL
5	BE20_1-AQ10	5	PAA, PAFF, PEF, NLI
6	C01_2-T07_2	7	FARL, PAA, PAFF, RIL, NFI, NLI
7	AU14_1-AP07_2	4	FARL, NFI, NLI
7	I03-AP07_2	4	IL, PAFF, RIL
14	AE10_1-A06_1	8	PAA, PAFF, PEF, RIL, NLI

注：QTL 数目表示在相同的标记区间内存在的 QTL 数目。

4.3　讨论

共定位现象可能是单基因多效性或性状间彼此联系造成的。研究表明，基因多效性主要是基因产物的单分子作用的结果。本研究表明，不同性状的 QTL

共同定位到相同的区段内,第 1、4、5、6、7、14 连锁群存在共定位现象。这说明 9 个花序性状由多效性基因控制。

　　若同一性状在不同的群体中均能检测出相同的 QTL,则这些 QTL 被认为是稳定的 QTL。本研究表明:F_2、F_3/A、F_3/S 群体中,初花节位性状有 2 个稳定的 QTL(nfi 1.1 和 nfi 4.1),花轴长度性状有 1 个稳定的 QTL($farl$ 5.1),花序至叶腋间的花梗长度性状有 1 个稳定的 QTL(paa 14.1),叶腋到第 1 朵花的花梗长度性状有 1 个稳定的 QTL($paff$ 7.1);在 F_3/A、F_3/S 群体中稳定表达的 QTL 有 il 6.1、il7.1、paa 4.1、$paff$ 4.1、$paff$ 14.1、ni 1.1、ni 5.1、ni 10.1、ril 5.1、nli 1.2、nli 6.1;在 F_2 和 F_3/A 群体中稳定表达的 QTL 有 nli 5.1,在 F_2、F_3/S 群体中稳定表达的 QTL 有 nli 7.1。利用分子标记辅助选择有利于数量性状的改良,因此,我们有必要将上述这些稳定的 QTL 进行进一步的扁豆分子标记辅助育种选择的验证。

第 5 章　扁豆果实性状和生育期性状 QTL 定位

果实性状是决定扁豆品质和鲜荚产量的重要因素。生育期性状能够间接影响扁豆鲜荚产量。果实性状和生育期性状一般由多个基因控制,属于数量性状。QTL 定位不仅能说明性状的遗传结构,而且能应用于分子标记辅助选择。对于 QTL 定位,目前已经有很多的统计学方法,如最小二乘估计、最大似然估计和贝叶斯估计。在这些方法中,贝叶斯估计具有快速分析互作 QTL 的能力,比其他方法更准确、有效。笔者运用贝叶斯估计在由眉豆 2012 和南汇 23 杂交得到的 F_2 群体和 F_3 群体中分别定位果实性状和生育期性状的主效 QTL、上位性 QTL,并在 2 年的 F_3 群体中评估 QTL 与环境的互作效应。

5.1　材料与方法

5.1.1　材料

眉豆 2012 和南汇 23 杂交后产生 F_1 群体,F_1 群体自交得到 F_2 群体(136 株),F_2 群体再自交得到 F_3 群体(136 株)。F_2 群体及 F_3 群体用于性状的定位。

5.1.2　方法

5.1.2.1　F_2 群体和 F_3 群体的形态性状调查

亲本眉豆 2012、南汇 23,F_1 群体、F_2 群体、F_3 群体均种植于上海交通大学农业实验基地的大田中。笔者调查了 F_2 群体 6 个性状,分别是荚长度、荚宽度、荚厚度、开花期、结荚期和成熟期。笔者调查了 F_3/A 群体(秋季)和 F_3/S 群体(春季)8 个数量性状,分别是荚长度、荚宽度、荚厚度、荚面积、荚体积、开花期、结荚期和成熟期,调查标准同 F_2 群体。调查性状和调查标准如下。

荚长度(PL)是当最先开花的花序上的 3 个荚处于生理成熟期时,荚顶端到果蒂的平均长度。

荚宽度(PD)是当最先开花的花序上的 3 个荚处于生理成熟期时,3 个荚的平均直径宽度。

荚厚度(PFT)是当最先开花的花序上的 3 个荚刚刚开始鼓粒时,3 个荚外果皮的平均厚度。

荚面积(PA)是荚长度和荚宽度的乘积。

荚体积(PV)是荚长度、荚宽度、荚厚度的乘积。

开花期(FT)是从扁豆播种到植株上第 1 朵花开放的时间。

结荚期(PT)是从扁豆播种到植株上第 1 个荚出现的时间。

成熟期(HMP)是从扁豆播种到植株上第 1 个荚成熟的时间。

5.1.2.2 贝叶斯估计定位 QTL

在 F_2 群体中,假设 1 个性状有 q 个数量性状位点,则单个性状和上位性 QTL 的遗传定位模型可以在 Cockerham 遗传模型的基础上建立起来。公式如下:

$$y_i = \mu + \sum_{j=1}^{q} (z_{ij}a_j + w_{ij}d_j) + \sum_{j=1}^{q-1}\sum_{k=j+1}^{q} \left[x_1(aa)_{jk} + x_2(ad)_{jk} + x_3(da)_{jk} + x_4(dd)_{jk} \right] + e_i$$

$$(5-1)$$

其中,μ 表示群体平均值;对任意的 $j = 1,2\cdots q$,α_j 和 d_j 分别表示第 j 个 QTL 加性效应和显性效应;变量 z 与 w 表示对应于加性效应和显性效应的基因型;aa,ad,da 和 dd 表示 2 个 QTL 间的加性效应×加性效应,加性效应×显性效应,显性效应×加性效应,显性效应×显性效应;$x = zw$ 和 e_i 表示剩余误差。

笔者运用前人发布的 R/qtlbim 软件包中的改良的贝叶斯模型选择法,对公式(5-1)中所有性状的互作 QTL 进行了分析。由于 RAPD 不能区分纯合、杂合基因型,所以笔者用缺失和多位点方法推断每个 QTL 的 3 种基因型的概率。根据复合区间作图法的结果,笔者设置主效 QTL 的期望值为 2,则其值的上界为 6,其他参数的初始值可设为缺省。对于所有的分析,在将前 1 000 步运算去除后,MCMC 算法要运行 1.2×10^5 次。为了简化储存样本的序列相关,每 40 次重复运行后,截断此链进行观察,进而得到 3 000 个后验分析。在后验分析中,将主效应和上位性效应的贝叶斯因子分别计算,并与阈值为 3 的 BF 或阈值为 2.1 的 2logBF 比对,进而确认 QTL 的存在。

在 F_3 群体中,用 F_3 群体的平均值替代 F_2 群体的值。两季 F_3 群体数据结合用于定位主效 QTL,并评估 QTL 间的互作和 QTL 与环境的互作。在 F_2 群体中,假设 1 个性状有 q 个数量性状位点,则单个性状和 QEs 的上位性 QTL 的遗传定位模型可以在 Cockerham 的遗传模型的基础上建立起来。公式如下:

$$y_{ik} = \mu + \sum_{j=1}^{q} (z_{ij}a_j + w_{ij}d_j) + x_e e_k + \sum_{j=1}^{q} [x_{ae}(ae)_{jk} + x_{de}(ae)_{jk}] +$$

$$\sum_{j=1}^{q-1} \sum_{j'=j+1}^{q} [x_1(aa)_{jj'} + x_2(ad)_{jj'} + x_3(da)_{jj'} + x_4(dd)_{jj'}] + \varepsilon_i \quad (5-2)$$

其中,μ 表示群体平均值;对任意的 $j = 1,2\cdots q$,α_j 和 d_j 分别表示第 j 个 QTL 加性效应和显性效应;变量 z 与 w 表示对应于加性效应和显性效应的基因型;aa,ad,da 和 dd 表示 2 个 QTL 间的加性效应×加性效应,加性效应×显性效应,显性效应×加性效应,显性效应×显性效应;e_k 表示环境效应;x_e 表示相关指示变量;$x_{ae} = zx_e$,$x_{de} = wx_e$,$x_i = zw$($i=1$,2,3,4)和 ε_i 表示剩余误差。

5.2 结果与分析

5.2.1 F$_2$ 群体果实性状和生育期性状 QTL 定位

笔者对 F$_2$ 群体进行了 3 个果实性状(荚长度、荚宽度、荚厚度)和 3 个生育期性状(开花期、结荚期、成熟期)的 QTL 定位。F$_2$ 群体中果实性状和生育期性状分析结果如图 5-1 所示。F$_2$ 群体中果实性状和生育期性状的主效 QTL 统计结果如表 5-1 所示。F$_2$ 群体中果实性状和生育期性状的上位性效应统计结果如表 5-2 所示。

5.2.1.1 荚长度

荚长度性状有 3 个 QTL,分别位于第 5、6 和 8 连锁群上,贡献率为 4.3%~8.3%。第 6 连锁群上的 QTL 具有正加性效应,第 5 连锁群上的 QTL 具有负加性效应。荚长度性状 3 对上位性互作,分别是第 5 连锁群和第 6 连锁群上的 QTL 间的互作、第 5 连锁群和第 8 连锁群上的 QTL 间的互作、第 6 连锁群和第 8 连锁群上的 QTL 间的互作。所有上位性互作的贡献率为 19.6%~30.2%。

5.2.1.2 荚宽度

荚宽度性状有 3 个 QTL,分别位于第 3、4、5 连锁群上,这些 QTL 的贡献率依次为 3.8%、2.8% 和 4.7%。第 3、4 连锁群上的 QTL 具有正加性效应，第 5 连锁群上的 QTL 具有负加性效应。荚宽度性状有 2 对上位性互作，分别是第 3 连锁群和第 4 连锁群上的 QTL 间的互作、第 4 连锁群和第 5 连锁群上的 QTL 间的互作。这些上位性互作的贡献率较高，均超过 10%。

5.2.1.3　荚厚度

荚厚度性状只有 1 个主效 QTL，位于第 5 连锁群上，贡献率达 7.2%。

5.2.1.4　开花期

开花期性状有 5 个 QTL，分别位于第 1、2、4、5、6 连锁群上，贡献率为 4.6%~9.6%。第 2、5 连锁群上的 QTL 具有正加性效应，第 1、6 连锁群上的 QTL 具有负加性效应。开花期性状有 4 对上位性互作，分别是第 1 连锁群和第 2 连锁群上的 QTL 间的互作、第 1 连锁群和第 4 连锁群上的 QTL 间的互作、第 2 连锁群和第 4 连锁群上的 QTL 间的互作、第 2 连锁群和第 5 连锁群上的 QTL 间的互作；这些上位性互作的贡献率均较高，为 20.7%~32.1%，其中，第 1 连锁群和第 2 连锁群上的 QTL 间的互作贡献率最高。

5.2.1.5　结荚期

结荚期性状有 5 个 QTL，分别位于第 1、2、3、4、6 连锁群上，贡献率为 4.2%~7.6%。第 2 连锁群上的 QTL 具有正加性效应，第 1、3、6 连锁群上的 QTL 具有负加性效应。结荚期性状有 8 对上位性互作，分别是第 1 连锁群和第 2 连锁群上的 QTL 间的互作、第 1 连锁群和第 3 连锁群上的 QTL 间的互作、第 1 连锁群和第 4 连锁群上的 QTL 间的互作、第 1 连锁群和第 6 连锁群上的 QTL 间的互作、第 2 连锁群和第 3 连锁群上的 QTL 间的互作、第 2 连锁群和第 4 连锁群上的 QTL 间的互作、第 3 连锁群和第 4 连锁群上的 QTL 间的互作、第 3 连锁群和第 6 连锁群上的 QTL 间的互作；这些上位性互作的贡献率均超过 10%，为 13.4%~35.8%。

5.2.1.6　成熟期

成熟期性状有 4 个 QTL，分别位于第 1、2、4、6 连锁群上，贡献率为 4.1%~

9.2%。第 2 连锁群上的 QTL 具有正加性效应,第 1、6 连锁群上的 QTL 具有负加性效应。成熟期性状有 5 对上位性效应,分别是第 1 连锁群和第 2 连锁群上的 QTL 间的互作、第 1 连锁群和第 4 连锁群上的 QTL 间的互作、第 1 连锁群和第 6 连锁群上的 QTL 间的互作、第 2 连锁群和第 6 连锁群上的 QTL 间的互作、第 4 连锁群和第 6 连锁群上的 QTL 间的互作;这些上位性互作的贡献率为 19.1%~31.2%。

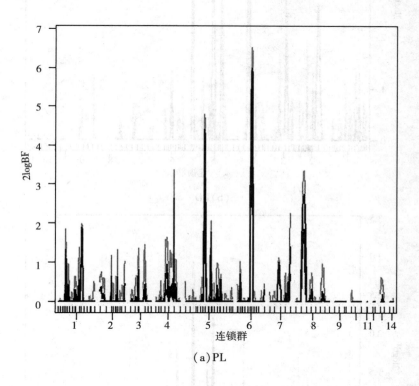

(a)PL

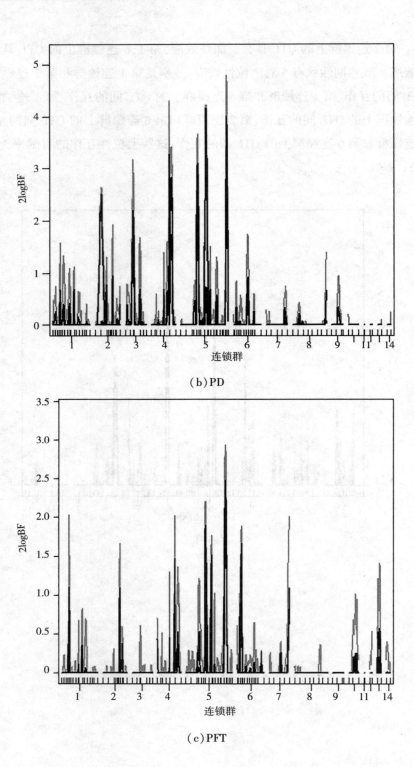

（b）PD

（c）PFT

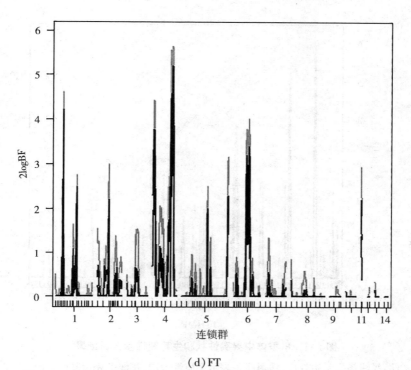

（d）FT

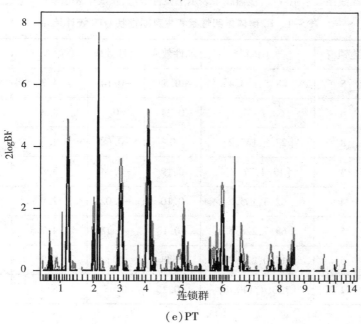

（e）PT

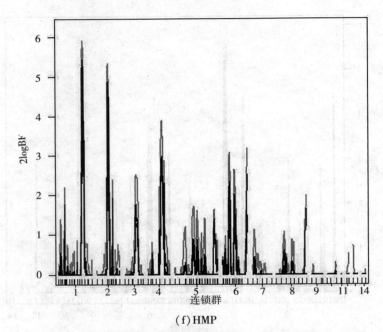

(f) HMP

图 5-1　F₂群体中果实性状和生育期性状分析结果①

注：黑线条表示主效应，浅黑线条表示上位性效应，灰线条表示基因效应之和。

表 5-1　F₂群体果实性状和生育期性状 QTL 统计结果

性状	连锁群	HPD	加性效应	显性效应	贡献率/%	2logBF
PL	5	[88.5,163.4]	−0.54	−0.14	4.7	4.79
PL	6	[60.7,78.6]	0.34	0	8.3	6.52
PL	8	[27.9,137.2]	0	−0.68	4.3	3.35
PD	3	[13.4,77.3]	0.19	−0.04	3.8	4.78
PD	4	[62.3,105.2]	0.10	−0.02	2.8	3.72
PD	5	[68.7,228.5]	−0.18	−0.18	4.7	3.16
PFT	5	[15.0,229.5]	0.44	−0.13	7.2	2.48
FT	1	[123.4,140.7]	−0.25	0.05	8.3	5.29

---

① 此图仅为示意，如有需要可向作者索取。

续表

性状	连锁群	HPD	加性效应	显性效应	贡献率/%	2logBF
FT	2	[57.1,91.5]	0.26	-0.10	5.1	5.93
FT	4	[64.4,84.9]	0	-0.22	9.6	5.81
FT	5	[114.3,122.9]	0.14	-1.28	5.5	2.70
FT	6	[34.2,131.9]	-0.16	0.25	4.6	2.86
PT	1	[123.4,138.7]	-0.20	-0.14	7.0	4.89
PT	2	[60.2,92.5]	0.36	-0.32	7.6	7.68
PT	3	[47.9,68.2]	-0.08	-0.43	4.2	3.62
PT	4	[64.4,84.9]	0	-0.91	6.4	5.22
PT	6	[60.7,131.9]	-0.12	-0.17	4.9	3.68
HMP	1	[11.6,145.8]	-0.28	-0.12	9.2	5.91
HMP	2	[55.1,86.4]	0.30	0.02	9.2	5.33
HMP	4	[65.4,86.9]	0	-0.67	4.1	3.90
HMP	6	[34.2,131.9]	-0.16	-0.16	5.3	3.18

注：HPD 是 QTL 位点取值范围；加性效应正值表示来自眉豆 2012 的等位位点增加了该性状的表型值，加性效应负值表示来自南汇 23 的等位位点增加了该性状的表型值。

表 5-2　F_2 群体果实性状和生育期性状的上位性互作统计结果

性状	位置	贡献率/%	aa	dd	ad	da	2logBF
PL	LG 5[88.5,163.4]×LG 6[60.7,78.6]	30.2	0.91	2.93	1.74	1.32	8.26
PL	LG5[88.5,163.4]×LG 8[27.9,137.2]	27.4	0.54	2.67	2.34	1.09	7.69
PL	LG6[60.7,78.6]×LG 8 [27.9,137.2]	19.6	0.65	8.08	0.87	1.26	8.12
PD	LG3[13.4,77.3]×LG4[62.3,105.2]	18.5	0.38	1.88	0.73	0.47	7.69
PD	LG4[62.3,105.2]×LG5[68.7,228.5]	12.8	0.66	1.99	1.16	1.25	8.15

续表

性状	位置	贡献率/%	aa	dd	ad	da	2logBF
FT	LG1[123.4,140.7]×LG2[57.1,91.5]	32.1	0.31	2.44	1.38	0.94	8.96
FT	LG1[123.4,140.7]×LG4[64.4,84.9]	23.4	0.51	5.68	1.60	1.09	8.19
FT	LG2[57.1,91.5]×LG4[64.4,84.9]	22.3	0.35	4.20	0.98	0.48	9.74
FT	LG2[57.1,91.5]×LG5[114.3,122.9]	20.7	0.66	2.60	1.03	0.94	7.69
PT	LG1[123.4,138.7]×LG2[60.2,92.5]	29.9	0.25	2.28	0.85	1.62	9.37
PT	LG1[123.4,138.7]×LG3[47.9,68.2]	24.5	0.38	4.39	0.56	1.20	8.61
PT	LG1[123.4,138.7]×LG4[64.4,84.9]	35.8	0.15	5.34	2.09	0.97	9.06
PT	LG1[123.4,138.7]×LG6[60.7,131.9]	20.7	0.62	3.62	1.71	1.49	8.07
PT	LG2[60.2,92.5]×LG3[47.9,68.2]	13.4	0.09	2.01	0.56	1.21	8.53
PT	LG2[60.2,92.5]×LG4[64.4,84.9]	19.9	0.53	4.07	1.07	0.63	9.24
PT	LG3[47.9,68.2]×LG4[64.4,84.9]	32.1	0.31	3.22	1.72	0.79	8.26
PT	LG3[47.9,68.2]×LG6[60.7,131.9]	20.7	0.49	2.93	1.69	1.14	7.69
HMP	LG1[11.6,145.8]×LG2[55.1,86.4]	31.2	0.25	1.53	1.18	1.19	8.14
HMP	LG1[11.6,145.8]×LG4[65.4,86.9]	21.1	0.44	3.99	1.59	1.41	9.43
HMP	LG1[11.6,145.8]×LG6[34.2,131.9]	19.1	0.50	4.64	1.49	1.57	8.65
HMP	LG2[55.1,86.4]×LG6[34.2,131.9]	25.2	0.65	4.69	1.79	1.10	8.26
HMP	LG4[65.4,86.9]×LG6[34.2,131.9]	26.6	0.99	4.04	1.47	1.46	7.63

注:*aa* 表示加性效应×加性效应,*dd* 表示显性效应×显性效应,*ad* 表示加性效应×显性效应,*da* 表示显性效应×加性效应。

5.2.2　F₃ 群体果实性状和生育期性状 QTL 定位

笔者对 2 年的 F₃ 群体进行了 5 个果实性状(荚长度、荚宽度、荚厚度、荚面积、荚体积)和 3 个生育期性状(开花期、结荚期、成熟期)的 QTL 定位。

5.2.2.1　果实性状和生育期性状表型评估及相关性分析

2 年 F₃ 群体果实性状和生育期性状的统计结果如表 5-3 所示。2 年 F₃ 群体果实性状和生育期性状的频数分布如图 5-2 所示。亲本间各性状差异明显。荚长度、荚宽度、荚厚度、荚面积、荚体积都是数量性状,分布符合或较符合正态分布,表明这些性状适合果实性状和生育期性状 QTL 定位。

表 5-3　2 年 F₃ 群体果实性状和生育期性状的统计结果

性状	亲本		群体范围	平均值	标准差	峰度	偏度
	眉豆 2012	南汇 23					
PL	10.5	8.2	5.8~10.4	8.0	0.89	−0.04	0.44
	10.8	5.9	6.2~11.1	8.8	0.96	−0.29	0.19
PD	3.7	2.7	2.3~4.8	3.3	0.40	1.10	0.34
	3.5	2.4	2.0~3.8	2.9	0.31	0.66	0.04
PFT	0.39	0.51	0.35~0.68	0.48	0.06	0.80	0.48
	0.39	0.55	0.29~0.79	0.43	0.08	1.04	0.93
PA	38.9	22.1	13.6~42.8	26.3	5.15	0.42	0.56
	37.8	14.2	15.5~41.3	26.1	4.76	0.16	0.44
PV	1.54	1.14	0.65~2.25	1.25	0.26	1.60	0.75
	1.48	0.78	0.57~2.46	1.11	0.28	1.22	1.02
FT	46.2	58.6	36.5~77.8	48.9	7.86	1.29	1.16
	73.3	85.0	65.9~87.8	76.0	4.48	−0.52	0.02
PT	50.0	62.0	40.0~80.0	52.4	7.76	1.50	1.33
	77.0	88.3	70.0~91.8	79.7	4.62	−0.61	0.03
HMP	73.5	85.0	66.0~97.0	76.4	6.16	0.90	1.17
	99.1	110.5	92.9~111.4	101.7	3.53	−0.18	−0.14

注:同一性状数据中,上部的是 2006 年种植的 F₃ 群体的数据,下部的是 2007 年种植的 F₃ 群体的数据。

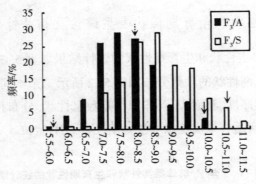

(a)

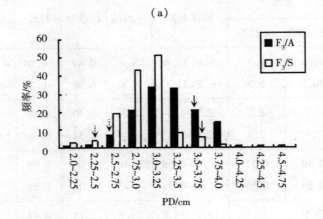

(b)

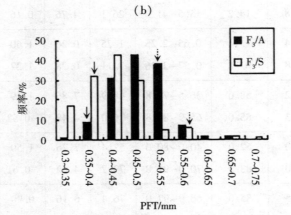

(c)

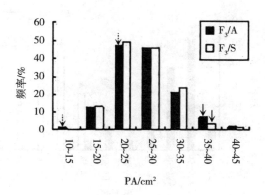

（d）

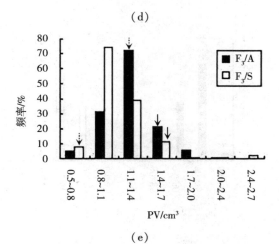

（e）

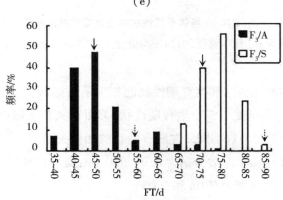

（f）

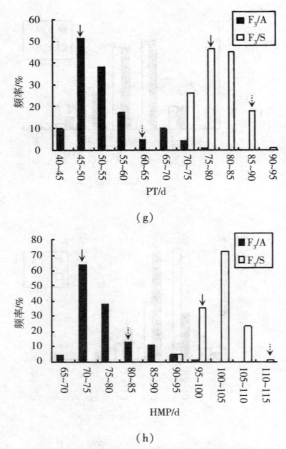

(g)

(h)

图 5-2 2 年 F₃ 群体果实性状和生育期性状的频率分布

注:实线箭头为 P₁(母本眉豆 2012)平均值,虚线箭头 P₂(父本南汇 23)平均值。

2 年 F₃ 群体果实性状和生育期性状的相关系数如表 5-4 所示。荚宽度与 3 个生育期性状、荚厚度与 3 个生育期性状、荚面积和开花期、荚面积和结荚期的相关系数在 2 年间表现不同。在所有性状的相关关系中,开花期和结荚期的相关系数最高,2 年相关系数分别为 0.99 和 0.99;荚体积和结荚期的相关系数最低,2 年相关系数分别为 0.08 和 0.03。

表 5-4　2 年 F₃ 群体果实性状和生育期性状的相关系数

性状	PL	PD	PFT	PA	PV	FT	PT
PD	0.38 0.42						
PFT	−0.18 −0.06	−0.22 −0.25					
PA	0.81 0.85	0.85 0.84	−0.24 −0.16				
PV	0.67 0.61	0.71 0.48	0.31 0.62	0.84 0.66			
FT	0.12 0.26	−0.13 0.10	0.16 −0.14	−0.01 0.22	0.07 0.05		
PT	0.12 0.27	−0.13 0.12	0.17 −0.17	−0.02 0.23	0.08 0.03	0.99 0.99	
HMP	0.15 0.25	−0.07 0.17	0.16 −0.06	0.04 0.25	0.12 0.13	0.96 0.83	0.96 0.83

注：同一性状数据中，上部的是 2006 年种植的 F₃ 群体的数据，下部的是 2007 年种植的 F₃ 群体的数据；绝对值大于 0.17 表示在 $p < 0.05$ 水平下显著。

5.2.2.2　性状 QTL 定位及 QTL 与环境互作的评估

F₃ 群体果实性状和生育期性状 QTL 统计如表 5-5 所示。F₃ 群体果实性状和生育期性状的上位性互作统计如表 5-6 所示。F₃ 群体果实性状和生育期性状的 QEs 统计结果如表 5-7 所示。

（1）荚长度

荚长度性状有 7 个 QTL，分别位于第 1、4、5、6、7、9、13 连锁群上，贡献率为 0.2%~6.4%。第 1、4、6、9 连锁群上的 QTL 具有正加性效应，第 5、7、13 连锁群上的 QTL 具有负加性效应。荚长度性状有 10 对上位性互作，分别是第 1 连锁群和第 6 连锁群上的 QTL 间的互作、第 1 连锁群和第 9 连锁群上的 QTL 间的互作、第 4 连锁群和第 7 连锁群上的 QTL 间的互作、第 5 连锁群和第 6 连锁群上的 QTL 间的互作、第 5 连锁群和第 13 连锁群上的 QTL 间的互作、第 6 连锁群和第 7 连锁群上的 QTL 间的互作、第 6 连锁群和第 9 连锁群上的 QTL 间的互作、第 6 连锁群和第 13 连锁群上的 QTL 间的互作、第 7 连锁群和第 13 连锁群上的 QTL 间的互作、第 9 连锁群和第 13 连锁群上的 QTL 间的互作;10 对上位性互作中有 5 对的贡献率大于 10%。荚长度性状有 4 个 QEs,分别位于第 1、5、6 连锁群上;贡献率较低,共计为 2.59%。

(2)荚宽度

荚宽度性状有 2 个 QTL,分别位于第 4、10 连锁群上,贡献率分别为 4.1%、2.1%。荚宽度性状有 1 对上位性互作,是第 4 连锁群和第 10 连锁群上的 QTL 间的互作,贡献率为 5.1%。荚宽度性状有 1 个 QEs,位于第 4 连锁群上,贡献率为 0.14%。

(3)荚厚度

荚厚度性状有 3 个 QTL,分别位于第 3、5、9 连锁群上,贡献率为 1.1% ~ 6.3%。第 5、9 连锁群上的 QTL 具有正加性效应,第 3 连锁群上的 QTL 具有负加性效应。荚厚度性状有 3 对上位性互作,分别是第 3 连锁群和第 5 连锁群上的 QTL 间的互作、第 3 连锁群和第 9 连锁群上的 QTL 间的互作、第 5 连锁群和第 9 连锁群上的 QTL 间的互作。荚厚度性状有 3 个 QEs,分别位于第 5、8、9 连锁群上,贡献率共计为 2.51%。

(4)荚面积

荚厚度性状有 5 个 QTL,分别位于第 1、2、4、6、7 连锁群上,贡献率为 1.9% ~ 5.9%。第 1、2、4、6 连锁群上的 QTL 具有正加性效应,第 7 连锁群上的 QTL 具有负加性效应。荚面积性状有 4 对上位性互作,分别是第 1 连锁群和第 2 连锁群上的 QTL 间的互作、第 1 连锁群和第 4 连锁群上的 QTL 间的互作、第 2 连锁群和第 4 连锁群上的 QTL 间的互作、第 6 连锁群和第 7 连锁群上的 QTL 间的互作;第 1 连锁群和第 4 连锁群上的 QTL 间的互作贡献率较高,为 33.9%。荚面积性状有 2 个 QEs,分别位于第 1、6 连锁群上,贡献率共计为 1.02%。

(5)荚体积

荚体积性状有 5 个 QTL,分别位于第 3、4、5、6、9 连锁群上,贡献率为 1.7% ~ 3.3%。第 4、6、9 连锁群上的 QTL 具有正加性效应,第 3、5 连锁群上的 QTL 具有负加性效应。荚体积性状有 3 对上位性互作,分别是第 4 连锁群和第 6 连锁群上的 QTL 间的互作、第 4 连锁群和第 9 连锁群上的 QTL 间的互作、第 6

连锁群和第 9 连锁群上的 QTL 间的互作,贡献率为 7.3%~15.7%。荚体积性状没有 QEs。

（6）开花期

开花期性状有 3 个 QTL,分别位于第 3、4、6 连锁群上,贡献率分别为 0.9%、0.7%、0.4%。这 3 个 QTL 均具有正加性效应。开花期性状有 2 对上位性互作,分别是第 3 连锁群和第 6 连锁群上的 QTL 间的互作、第 4 连锁群和第 6 连锁群上的 QTL 间的互作,贡献率分别为 3.8%、4.6%。开花期性状有 1 个 QEs,位于第 6 连锁群上,贡献率为 0.55%。

（7）结荚期

结荚期性状有 3 个 QTL,分别位于第 3、4、6 连锁群上,贡献率分别为 0.6%、0.8%、0.3%。第 3、6 连锁群上的 QTL 具有正加性效应。结荚期性状有 1 对上位性互作,是位于第 4 连锁群和第 6 连锁群上的 QTL 间的互作,贡献率为 9.0%。开花期性状有 1 个 QEs,位于第 6 连锁群上,贡献率为 0.36%。

（8）成熟期

成熟期性状有 2 个主效 QTL,分别位于第 4、6 连锁群上,贡献率分别为 0.6%、0.2%。第 6 连锁群上的 QTL 具有正加性效应。成熟期性状没有上位性互作。成熟期性状有 1 个 QEs,位于第 6 连锁群上,贡献率为 0.43%。

表 5-5　F_3 群体果实性状和生育期性状 QTL 统计结果

性状	连锁群	HPD	加性效应	显性效应	贡献率/%	2logBF
PL	1	[110.7,122.0]	0.01	0.17	0.2	2.71
PL	4	[101.7,103.8]	0.35	0.06	6.4	6.03
PL	5	[92.1,137.8]	-0.24	-0.31	4.0	7.34
PL	6	[0,76.1]	0.18	-0.06	4.3	7.10
PL	7	[98.3,100.4]	-0.16	-0.01	3.0	6.45
PL	9	[48.7,56.0]	0.10	0	2.4	2.17
PL	13	[0,2.0]	-0.13	-0.02	2.7	3.39
PD	4	[84.9,105.9]	0.27	0	4.1	7.46

续表

性状	连锁群	HPD	加性效应	显性效应	贡献率/%	2logBF
PD	10	[0,6.5]	0	−0.18	2.1	3.90
PFT	3	[39.3,63.9]	−0.17	−0.11	1.9	5.17
PFT	5	[34.7,60.2]	0.07	0	1.1	6.02
PFT	9	[47.0,56.0]	0.02	−0.28	6.3	8.95
PA	1	[37.8,39.7]	0.01	−0.56	3.2	7.02
PA	2	[8.0,10.3]	0.11	−0.04	2.5	3.16
PA	4	[93.2,105.9]	0.23	0.02	4.0	6.61
PA	6	[29.8,76.1]	0.26	−0.02	5.9	6.65
PA	7	[98.3,100.4]	−0.10	0	1.9	6.37
PV	3	[70.2,82.4]	−0.03	−0.31	2.0	3.60
PV	4	[72.6,103.8]	0.11	−0.04	2.8	5.05
PV	5	[89.8,103.3]	−0.19	−0.20	1.9	4.80
PV	6	[66.9,83.2]	0.04	−0.65	3.3	5.16
PV	9	[38.8,56.0]	0.08	−0.01	1.7	4.95
FT	3	[42.8,76.3]	0.01	0.79	0.9	2.83
FT	4	[62.3,86.9]	0.01	−0.38	0.7	4.43
FT	6	[36.2,80.7]	0.03	−0.09	0.4	6.36
PT	3	[42.8,74.3]	0.01	0.68	0.6	2.92
PT	4	[62.3,93.2]	0	−0.36	0.8	4.26
PT	6	[36.2,80.7]	0.02	−0.08	0.3	5.48
HMP	4	[62.3,86.9]	0	−0.32	0.6	4.99
HMP	6	[36.2,80.7]	0.01	0	0.2	6.35

注:HPD 是 QTL 位点最后密度取值范围;加性效应正值表示来自眉豆 2012 的等位位点增加了该性状的表型值,加性效应负值表示来自南汇 23 的等位位点增加了该性状的表型值。

表 5-6　F$_3$ 群体果实性状和生育期性状的上位性互作统计结果

性状	连锁群	贡献率/%	aa	dd	ad	da	2logBF
PL	LG1［110.7,122.0］×LG6［0,76.1］	11.1	0.37	1.56	0.80	0.92	7.52
PL	LG1［110.7,122.0］×LG9［48.7,56.0］	12.1	0.14	1.04	0.52	0.58	5.90
PL	LG4［101.7,103.8］×LG7［98.3,100.4］	11.8	0.63	3.43	1.16	1.02	12.13
PL	LG5［92.1,137.8］×LG6［0,76.1］	13.5	0.83	4.08	2.85	1.92	12.72
PL	LG5［92.1,137.8］×LG13［0,2.0］	6.6	0.14	1.00	1.67	1.20	12.18
PL	LG6［0,76.1］×LG7［98.3,100.4］	13.3	0.32	0.76	0.17	0.67	11.02
PL	LG6［0,76.1］×LG9［48.7,56.0］	6.6	0.09	1.24	0.40	0.31	8.97
PL	LG6［0,76.1］×LG13［0,2.0］	3.9	0	0.71	0.42	0.48	6.72
PL	LG7［98.3,100.4］×LG13［0,2.0］	3.2	0.21	0.52	0	0.11	5.61
PL	LG9［48.7,56.0］×LG13［0,2.0］	3.7	0	0.61	—	—	6.69
PD	LG4［84.9,105.9］×LG10［0,6.5］	5.1	0.01	0.62	0.18	0.07	5.33
PFT	LG3［39.3,63.9］×LG5［34.7,60.2］	12.7	0.25	3.43	0.74	0.98	6.84
PFT	LG3［39.3,63.9］×LG9［47.0,56.0］	17.6	0.54	1.47	0.36	0.82	13.19
PFT	LG5［34.7,60.2］×LG9［47.0,56.0］	12.0	0.37	1.43	0.60	0.74	10.83
PA	LG1［37.8,39.7］×LG2［8.0,10.3］	19.7	0.30	1.24	0.71	1.02	9.44
PA	LG1［37.8,39.7］×LG4［93.2,105.9］	33.9	0.18	2.83	0.43	1.58	6.97
PA	LG2［8.0,10.3］×LG4［93.2,105.9］	15.2	0.19	1.23	1.42	0.25	10.43
PA	LG6［29.8,76.1］×LG7［98.3,100.4］	7.1	0.32	0.71	0.46	0.58	6.39
PV	LG4［72.6,103.8］×LG6［66.9,83.2］	8.2	0.53	1.97	0.65	1.40	5.54
PV	LG4［72.6,103.8］×LG9［38.8,56.0］	7.3	0.30	1.22	0.20	0.78	5.74
PV	LG6［66.9,83.2］×LG9［38.8,56.0］	15.7	0.35	2.56	0.35	0.58	6.18
FT	LG3［42.8,76.3］×LG6［36.2,80.7］	3.8	0.34	0.96	0.35	0.64	6.66
FT	LG4［62.3,86.9］×LG6［36.2,80.7］	4.6	0.06	1.11	0.26	0.37	7.39
PT	LG4［62.3,93.2］×LG6［36.2,80.7］	9.0	0.11	1.11	0.43	0.29	7.56

注:aa 表示加性效应×加性效应,dd 表示显性效应×显性效应,ad 表示加性效应×显性效应,da 表示显性效应×加性效应。

表 5-7　F_3 群体果实性状和生育期性状的 QEs 统计结果

性状	连锁群	贡献率/%	QEs 值	QTL 位置/cM	2logBF
PL	1	0.85	0.11	117.5	2.79
PL	4	0.72	0	101.7	2.64
PL	5	0.24	−0.05	94.4	2.42
PL	6	0.78	−0.01	71.6	3.36
PD	4	0.14	0.02	99.5	3.12
PFT	5	2.05	0.18	58.1	3.19
PFT	8	0.38	0.08	149.8	2.65
PFT	9	0.08	0	56.0	2.83
PA	1	0.34	−0.03	39.7	2.89
PA	6	0.68	0.01	69.3	3.23
FT	6	0.55	−0.06	42.3	3.80
PT	6	0.36	0.22	42.3	2.85
HMP	6	0.43	0.42	44.3	4.97

注:贡献率表示 QTL 与环境互作的贡献率。

5.2.3　性状的共定位

本研究表明,有些主效 QTL 具有一因多效功能。由表 5-1 可知,第 4 连锁群[64.4,84.9]区段内的主效 QTL 同时控制开花期性状和结荚期性状,第 6 连锁群[34.2,131.9]区段内的主效 QTL 同时控制开花期性状和成熟期性状。由表 5-5 可知,第 3 连锁群[42.8,76.3]区段内的主效 QTL 同时控制开花期性状和结荚期性状,第 4 连锁群[62.3,86.9]区段内的主效 QTL 同时控制开花期性状和成熟期性状,第 6 连锁群[36.2,80.7]区段内的主效 QTL 同时控制开花期性状、结荚期性状和成熟期性状,第 7 连锁群[98.3,100.4]区段内的主效 QTL

同时控制荚长度性状和荚面积性状。

　　QEs 也具有一因多效功能。由表 5-7 所示,第 6 连锁群上 42.3 cM 处的 QEs 同时影响开花期性状和结荚期性状。

5.3　讨论

　　果实性状和生育期性状是重要的农艺性状,具有很高的研究价值。有学者在菜豆中发现 7 个 QTL 与开花期性状有关,2 个 QTL 与成熟期性状有关,3 个 QTL 与每株结荚数相关。有学者在大豆中检测到与开花期有关的 8 个 QTL 分布在 3 个连锁群上,与成熟期有关的 11 个 QTL 分布在 5 个连锁群上,与每株结荚数有关的 6 个 QTL 分布在 4 个连锁群上。

5.3.1　F_2 群体和 F_3 群体的 QTL

　　笔者对扁豆 F_2 群体的 3 个果实性状(荚长度、荚宽度和荚厚度)和 3 个生育期性状(开花期、结荚期和成熟期)进行了 QTL 定位,共检测到 21 个 QTL,贡献率为 2.8%~9.6%。在 F_3 群体中,共检测到 30 个 QTL(22 个果实性状、8 个生育期性状),贡献率为 0.2%~6.4%。F_2 群体中 12 个 QTL、F_3 群体中果实性状的 3 个 QTL 贡献率均大于 5.0%,说明这些 QTL 对各自对应性状的影响较大,可以直接应用到育种工作中。

　　在 F_2 群体中,荚宽度性状总加性效应正值的绝对值大于总加性效应负值的绝对值;在 F_3 群体中,荚长度性状和荚面积性状总加性效应正值的绝对值大于总加性效应负值的绝对值;这表明母本眉豆 2012 对这些性状的贡献大于父本南汇 23。在 F_2 群体中,荚长度性状、结荚期性状、成熟期性状总加性效应正值的绝对值小于总加性效应负值的绝对值;在 F_3 群体中,荚厚度性状总加性效应正值的绝对值小于总加性效应负值的绝对值;这表明父本南汇 23 对这些性状的贡献大于母本眉豆 2012。使 F_2 群体的荚厚度性状和 F_3 群体的荚宽度性状、开花期性状、结荚期性状、成熟期性状表型值增加的等位位点来自母本眉豆 2012。父本南汇 23、母本眉豆 2012 对 F_2 群体开花期性状和 F_3 群体荚体积性状的贡献相当。

5.3.2　F_2 群体和 F_3 群体的上位性互作

在 F_2 群体中,3 个果实性状和 3 个生育期性状共有 22 对上位性互作,其 *ad* 值和 *da* 值较大,这表明这些上位性互作显著影响果实性状和生育期性状。在 F_3 群体中,8 个性状共有 24 对上位性互作。在 F_2 群体中,6 个性状的 QTL 间上位性互作的贡献率较高,均大于 10%;有 16 对上位性效应的贡献率为 20.7%~35.8%, 说明这些上位性效应对 6 个性状具有重要贡献。在 F_3 群体中,8 个性状上位性互作的贡献率为 3.2%~33.9%,其中有 12 对上位性互作的贡献率大于 10%。

5.3.3　F_3 群体的 QEs

关于果实性状和生育期性状的 QTL 定位在其他豆科作物中的研究已经有大量报道,但是关于 QEs 的研究鲜有报道。有学者以水稻为材料进行研究,结果表明,该作物中存在 18 个 QEs、14 对上位性效应。有学者运用复合线性模型法检测 QEs,结果表明,有 13 个 QTL 表现出与环境的互作效应。笔者对 F_3 群体进行 QTL 定位,得到 13 个 QEs,其中 10 个为果实性状的、3 个为生育期性状的;果实性状 QEs 的贡献率远低于 QTL 的贡献率,生育期性状 QEs 的贡献率与 QTL 的贡献率相近,这表明果实性状受环境影响较小,生育期性状对环境较敏感。

第 6 章　扁豆遗传多样性分析

我国扁豆种质资源丰富。扁豆分布地区较分散且种质保存机构间相互独立,造成扁豆种质资源间存在同种异名、同名异种、种质间亲缘关系不清等问题,这为扁豆资源保存利用、育种选择及优良品种推广造成不便。利用分子标记技术分析扁豆资源的遗传多样性并探究不同资源之间的亲缘关系及遗传差异对我国扁豆资源的品种鉴定及资源高效利用具有重要意义。

6.1　材料与方法

6.1.1　材料

笔者将来自中国、美国、印度与泰国的 31 份扁豆资源种植于直径为 10 cm、高为 9 cm 的 PVC 盆中,置于人工气候箱内培养,控制温度为 28 ℃,相对湿度为 80%,光照周期为光/暗=16 h/8 h,光照强度为 200 μmol/(m² · s)。本研究中涉及的扁豆资源如表 6-1 所示。

表 6-1　本研究中涉及的扁豆资源

序号	资源编码	来源	常用名称
1	USLP001	美国	—
2	USLP002	美国	—
3	USLP003	美国	—
4	USLP005	美国	—
5	THLP001	泰国	—
6	USLP009	美国	—
7	USLP010	美国	—
8	USLP011	美国	—
9	USLP013	美国	—

续表

序号	资源编码	来源	常用名称
10	USLP014	美国	—
11	USLP015	美国	—
12	INLP001	印度	—
13	USLP019	美国	—
14	USLP020	美国	—
15	USLP021	美国	Moon shadow No. 1
16	USLP022	美国	Moon shadow No. 2
17	CNLP2002	中国 山东	德扁三号
18	CNLP2004	中国 江苏	边红八号
19	CNLP2008	中国 上海	红花一号
20	CNLP2009	中国 河南	白花二号
21	CNLP2011	中国 浙江	春扁豆Ⅱ号
22	CNLP2012	中国 河北	眉豆 2012
23	CNLP2018	中国 黑龙江	黑龙江 2018
24	CNLP2020	中国 上海	地方一号
25	CNLP3001	中国 江苏	早红边
26	CNLP3002	中国 山东	鼎牌早生
27	CNLP3003	中国 四川	四川 01
28	CNLP3004	中国 上海	无架豆
29	CNLP3005	中国 江苏	镇江早春
30	CNLP3006	中国 河北	河北一号
31	CNLP3007	中国 上海	南汇 23

6.1.2　方法

6.1.2.1　DNA 提取

萌发 20 d 后,从每一种扁豆资源的 5 个单株上采集叶片组织提取 DNA。笔者利用植物基因组提取试剂盒提取叶片 DNA,利用紫外分光光度计对 DNA 的质量及浓度进行检测,将来源于同一资源的 5 个单株的 DNA 等量混合。

6.1.2.2　SSR 标记多态性分析

大豆与扁豆之间的 SSR 标记具有通用性,故选取在大豆中开发的 200 对 SSR 引物检测扁豆基因组多态性。SSR－PCR 体系中使用 30 ng DNA、1.5 mmol/L Mg^{2+}、0.15 mmol/L dNTP、0.4 μmol/L 引物、1 U rTaq。PCR 反应条件为 95 ℃变性 1 min、46 ℃退火 1 min、68 ℃延伸 1 min,反应进行 33 个循环,最后 68 ℃延伸 10 min。利用 6%PAGE 胶进行电泳,分析 SSR 标记多态性。

6.1.2.3　表型多态性分析

从每一种扁豆资源中随机选取 5 个单株进行表型考察。考察表型包括茎色、叶脉色、苞叶色、花色、鲜荚色及成熟种皮色,上述 6 个性状均为显性基因控制的质量性状。对这些性状分别用 0 和 1 进行打分,由于上述性状为质量性状,故与性状相关的基因差异可视为具有多态性的分子标记。扁豆表型特征评估如表 6-2 所示。

表 6-2　扁豆表型特征评估

表型	分类	特征	百分率/%		
			总计 (4 个国家)	美国	中国
茎色	0	绿	48.4	35.7	60.0
	1	紫	51.6	64.3	40.0

续表

表型	分类	特征	百分率/%		
			总计 （4个国家）	美国	中国
叶脉色	0	绿	48.4	35.7	60.0
	1	紫	51.6	64.3	40.0
苞叶色	0	绿	51.6	42.9	60.0
	1	紫	48.4	57.1	40.0
花色	0	白	41.9	35.7	46.7
	1	紫	58.1	64.3	53.3
鲜荚色	0	绿	35.5	28.6	40.0
	1	紫	64.5	71.4	60.0
成熟种皮色	0	黑	51.6	50.0	53.3
	1	褐	48.4	50.0	46.7

6.1.2.4　统计分析

SSR 标记多态性根据其在电泳图谱中的有(1)、无(0)及缺失(9)进行打分。质量性状同样依据其不同表现进行打分。将数据转换为 NTsys 2.1e 软件要求格式,聚类分析利用该软件 SAHN 子集中的 UPGMA 方法进行。主成分分析基于软件中的 Dcenter,Eigen 及 Mod3D plot 模块展开。

6.2　结果与分析

6.2.1　SSR 标记多态性

笔者选取从大豆中开发的 200 对 SSR 引物检测扁豆基因组多态性,结果表明:在检测到扩增产物的 118 对引物中,有 37 对引物的扩增产物具有多态性;37 对引物的扩增产物共产生 42 个多态性条带;37 对引物中,每对引物的扩增条带数为 1~2 个。开发自大豆的 SSR 标记及在扁豆中的多态性扩增如表 6-3 所示。

6.2.2　表型特征的分化

扁豆资源表型上存在巨大的分化。如表 6-2 所示:48.4% 的来自 4 个国家的扁豆资源茎及叶脉为绿色,51.6% 的来自 4 个国家的扁豆资源茎及叶脉为紫色,64.3% 的来自美国的扁豆资源茎及叶脉为紫色,60% 的来自中国的扁豆资源茎及叶脉为绿色;64.5% 的来自 4 个国家的扁豆资源鲜荚为紫色,71.4% 的来自美国的扁豆资源鲜荚为紫色,60% 的来自中国的扁豆资源鲜荚为紫色。

6.2.3　扁豆种质资源之间的遗传关系

笔者对多态性 SSR 分子标记及由显性基因控制的多态性表型特征组成的 43 个位点进行聚类分析,31 份扁豆资源基于 SSR 标记及表型多态性构建的系统进化树如图 6-1 所示。扁豆资源间的遗传相似性范围为 0.49(USLP001 与 USLP010 之间)到 0.88(USLP020 与 USLP021 之间)。USLP001 与 USLP010 之间的低遗传相似性表明二者的遗传背景存在极大差异,而 USLP020 与 USLP021 之间高遗传相似性表明二者存在相似的遗传背景。31 份扁豆资源能够分为 3 组,组 Ⅰ 仅包含 1 份资源(USLP001),表明 USLP001 与其他资源之间遗传相似度最低;组 Ⅱ 包含 16 份资源,其中 6 份来自中国、9 份来自美国、1 份来自印度;

组Ⅲ包含 14 份资源,其中 9 份来自中国、4 份来自美国、1 份来自泰国。此 3 组分类与资源的地理位置间不存在相关性。

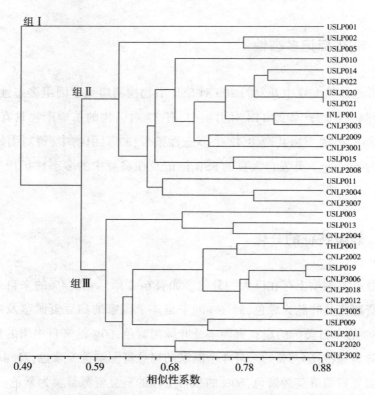

图 6-1　31 份扁豆资源基于 SSR 标记及表型多态性构建的系统进化树

笔者利用主成分分析的方法对 31 份扁豆资源的遗传关系进行分析,如图 6-2 所示:第 1、2、3 主成分的贡献率分别为 13.1%、9.8%、7.9%;前 18 个主成分的累计贡献率为 86.2%,能够反映 31 个变量的主要信息。主成分分析的三维点阵直观地反映了 31 份扁豆资源之间的差异,组Ⅱ及组Ⅲ分别分布于第 1 维度坐标轴的最小及最大值端;组Ⅰ(USLP001)则独立于组Ⅱ及组Ⅲ之外,位于第 2 及第 3 维度坐标轴最大值端。主成分分析结果与聚类分析结果相似。

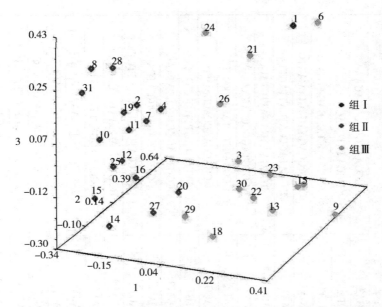

图 6-2　31 份扁豆资源基于 SSR 标记及表型多态性构建的主成分分析图

注:每一资源编号同表 6-1 中序号对应,不同颜色点分成的组与图 6-1 对应。

6.3　讨论

6.3.1　扁豆资源的遗传多样性

　　笔者用来自中国、美国、印度、泰国的 31 份扁豆资源进行遗传多样性分析,结果表明,31 份扁豆资源共产生 42 个多态性条带,200 对 SSR 引物中有 118 对能够得到扩增,其中 37 个 SSR 标记存在多态性,平均每一标记产生 1.14 个条带。有学者利用 AFLP 分析扁豆 DNA 多态性,结果表明:当引物长度从 11 bp 增至 21 bp 时,多态性比例从 36.36% 增至 100%;当利用 RAPD 标记时,有 82.8% 的条带存在多态性。有学者利用 EST-SSR 对扁豆进行多态性分析,结果表明,50% 的标记存在多态性且每一标记能够产生 2~4 个条带。由此可见,多态性标记能够产生条带的数量与扁豆群体的大小及标记的种类密切相关。

表 6-3　开发自大豆的 SSR 标记及在扁豆中的多态性扩增

SSR 位点	GenBank 登录号	多态性条带数	正向引物序列	反向引物序列
AW781285	AW781285	1	GCGTCTTTTGCACGATGAA	GCGAATGCTGGGAGAAA
BE801538	BE801538	1	GCGTAGCTTTCTATTGTCTAAT	GCGAACTCCACCACTCTG
BE806387	BE806387	1	GCGACCCCTTTTGTCTTCTT	GCGGAGGCCAGAGATGAA
BF070293	BF070293	1	GCGCCACACCAGAAAGA	GCGAGCAGAAGAGCCCAATG
Sat_069	CC453679	1	CGACCAGCTGAAGAAA	CTGAATACCCATCATTACTTAA
Sat_155	CC453706	1	GGGACAGCAGCACCGTCAAGGAGGAGA	TGGCAAAGAAATTGTAGC
Sat_420	CC453944	1	GCGGATGGAGCCAACA	GCGTGTAGCCCTAGAAAGTT
Sat_421	CC453945	1	GCGTGAAGCCGCACCAATA	GCGAACTCCTACTATAATG
Sat_423	CC453947	2	GCGTATACACAATGATAGG	GCGACCAACCACCACTTC
Satt032	BH126309	1	GATCTTTAGCTCCATGTGT	CTTTTAGTAGTTTGTATGACCC
Satt235	BH126436	1	GCGGGCTTTGCCAAGAAGTTT	GCGGTGAGGCTGGCTATAAG
Satt284	BH126479	1	TGGGCTAGGAGTGACCAC	GGTCACCACTCACCATCA
Satt289	BH126482	1	GCGCCCAGGCTTTAAAAGT	CTGCCCCATCACTAGCCCTTCTT
Satt327	BH126518	1	GCGCACCCAAAAGATAACAAA	GCGTCGTAGCAATGTCACCA
Satt328	BH126519	1	TGACCACCATGAGTTCATT	GGGGGTGGCTTTTAGATTC
Satt335	BH126526	1	CAAGCTCAAGCCTCACACAT	TGACCAGAGTCCAAAGTTCATC
Satt347	BH126537	1	GCGCGCTTCCATTTTAAAGTA	GCGGTCACCGTTGTATACCTA
Satt385	BH126570	1	AATCGAGGATTCACTTGAT	CATTGGGCCACACAACAAC
Satt393	BH126576	1	CAAGCCCATAAACGAAATAA	GCTCGGCTTGGCTTGTTTACTA
Satt520	BH126690	2	GCGGTCTGCAAGAGTGACA	GCGCATTTGGACTTTCTA

续表

SSR 位点	GenBank 登录号	多态性条带数	正向引物序列	反向引物序列
Satt522	BH126692	1	GCGAAACTGCCTAGGTTAAAA	TTAGGCGAAATCAACAAT
Satt545	BH126713	1	CAATGCCATTCCATATTTGTT	CAATTGCCCTAGTTTTGATAG
Satt555	BH126722	2	GCGGTTGGCTTTGATGATGT	TTACCGCATGTTCTTCGGACTA
Satt556	BH126723	1	GCGATAAAACCCGATAAATAA	GCGTTGTGCCACCTTGTTTTCT
Satt564	BH126730	1	GCGCTTCCACCACAATAACA	GCGGCAGAGGACTGACAGCTA
Satt567	BH126733	1	GGCTAACCCGCTCTATGT	GGGCCATGCACCTGCTACT
Satt597	BH126762	1	GCTGCACGCGTGCTCTAGTAT	CGAGGCACAACCATCACCAC
Satt702	CC454051	1	GCGGGCTTCTGTGTGGCTTCAAC	GCGCATTGGAATAACGTCAAA
Satt727	CC454069	1	GCGTGTTGTTCTGCTTGACT	GCGAAGGAATAATGATACA
Sct_064	BH126775	1	CCACAATTCCCAAAATAC	ATAAAAATGCGTGAATAATAGAC
Sct_065	CC454072	2	CCCTGCTGTTTCCCTCT	GAAAAGTTTTATGTTCTGCTG
Sct_147	BH126779	1	TCTCGACTCACGACTCA	CCAAGGTCTCTCAGAGG
Sct_190	CC454073	1	GCGAGCATTCCCTTTCATTTT	GCGGCCACACTAACAAGTAAC
Sctt011	CC454081	1	CTCCGTTGCTGAT	TAAGCTGAATTAGTAAAA
SOYLBC	V00452	1	GTGGTTTCAGTGAGTGATC	AAGGTGGAGATGAACTCA
SOYPRP1	J02746	1	CGTGCCAAATTACATCA	TGATGGGAACAAGTACATAA
U08405	U08405	2	GCGTGCTGAGTCTAT	GCGAAATAAGCGTTTTACAGATG

6.3.2　分子标记的通用性

物种间分子标记的通用性已在多种植物中被发现,有学者发现蒺藜苜蓿、大豆及鹰嘴豆中开发的 SSR 标记能够在扁豆中应用。笔者将大豆中开发的 SSR 标记用于扁豆 DNA 多态性分析,发现通用性为 59%。研究表明:物种间分子标记的通用性差异与物种的亲缘关系密切相关,菜豆中 EST-SSR 标记在其他豆科植物中具有 82%的通用性;豆科植物中的分子标记在非豆科植物中的通用性相对较低,如蒺藜苜蓿中开发的 EST-SSR 在拟南芥及小麦中的扩增率分别为 35.6%及 33.3%。有学者认为大豆与扁豆之间 EST-SSR 的通用性为 100%,而笔者认为仅有 59%来源于大豆中的 SSR 能在扁豆中扩增,二者的差异可能由于标记的数量及开发 SSR 的方法不同。

6.3.3　将表型性状用于遗传多样性的分析

笔者将 6 个表型性状用于遗传多样性的分析,所有性状都已经过卡方检验,验证其符合 3∶1 的孟德尔定律,并已在扁豆遗传图谱上进行了定位。有学者认为扁豆茎色、叶脉色及苞叶色存在相关性,说明与上述性状相关的基因紧密连锁或性状由单一基因控制。有研究表明,茎色与苞叶色在扁豆遗传图谱上紧密连锁,但茎色与叶脉色没有连锁性。

6.3.4　扁豆资源的遗传多样性与地域无关

本研究中聚类分析及主成分分析结果表明,扁豆资源不存在地域特异性差异,各组资源分类与地域无关,进而说明本研究所用扁豆资源在不同地域之间存在交流且自然选择、人工选择总是基于有限的遗传背景进行。有研究表明,不依赖于地域分隔的遗传多样性在来自美国和加拿大的豌豆资源以及来源于 9 个不同地区的绿豆资源中存在。有研究表明,野生与人工栽培扁豆存在高度的遗传分化,这意味着能够通过野生与人工栽培资源的杂交扩大栽培扁豆品种的遗传背景,使其产生更丰富的遗传多样性。

　　综上所述,笔者认为,源于大豆的 SSR 标记能够用于扁豆遗传多样性的分析,扁豆资源能够分为 3 组且不存在地域特异性差异,表明扁豆资源遗传多样性不高。为了丰富扁豆的遗传多样性,可以将人工栽培扁豆同野生扁豆杂交,从而拓宽遗传背景。

第7章　扁豆重组自交系群体的遗传图谱构建及抗旱QTL分析

扁豆具有众多优良特性且对干旱及盐碱胁迫的耐受能力强,具有优良的基因资源。SRAP 具有条带丰富、操作简便等特点,能够广泛应用于植物遗传图谱构建、遗传多样性分析、基因定位等方面。SRAP 中 PCR 反应至关重要;稳定高效的 PCR 反应体系能保证 DNA 扩增的条带数量、清晰程度与稳定性,并进一步影响对条带的统计分析。笔者通过正交设计的方法对扁豆 SRAP-PCR 反应体系进行优化,进而对反应条件进行优化,旨在建立稳定高效的 PCR 反应体系,为下一步遗传图谱构建及育种工作打下良好的基础。

SSR 在基因组中广泛存在,具有多样性程度高、重复性好、共显性等特征,是理想的分子标记。基于 EST 的 SSR 兼具传统 SSR 及反映基因功能的优势,从而拓宽了应用范围。基于 EST 的 SSR 不仅能够在本物种基因组中得到有效利用,而且对其他物种及其近缘野生种具有高度的借鉴性。

大豆与扁豆都是豆科植物,亲缘关系较近;利用大豆 EST 数据库丰富的信息开发新的 SSR,能够为高密度的扁豆遗传图谱构建、基因定位和分子育种提供理论基础。

遗传图谱是进行 QTL 分析、图位克隆、分子标记辅助育种的基础和前提。笔者利用重组自交系群体构建扁豆遗传图谱,从而为扁豆的分子育种工作提供理论指导。

扁豆资源丰富且不同资源间农艺性状差异大。笔者以抗旱性状差异显著的扁豆品种眉豆 2012 及南汇 23 杂交的 F_6 群体为实验材料,以本研究构建的遗传图谱为基础,对与抗旱密切相关的性状进行 QTL 定位,从而为后续的分子育种提供理论指导。

7.1　材料与方法

7.1.1　材料

亲本为农艺性状具有明显差异的扁豆资源眉豆 2012 及南汇 23,种植于上海交通大学农业与生物学院实验田。两亲本杂交后产生 F_1 群体。F_1 群体自交后利用单粒传的方法(SSD 法)自交至 F_6 群体,形成重组自交系群体,共 114

株,用于遗传图谱构建。待扁豆长出真叶后,取幼嫩叶片提取基因组 DNA。亲本眉豆 2012 及南汇 23 农艺性状如表 7-1 所示。

表 7-1　亲本眉豆 2012 及南汇 23 农艺性状

性状	眉豆 2012	南汇 23
茎色	绿色	紫色
叶色	绿色	深绿色
叶脉	绿色	朱红色
叶毛	长、密	短小、稀疏
花色	白色	紫色
荚色	绿色	朱红色
籽粒色	棕色	黑色
花序	短	长
花期	早熟	晚熟
根系	长、发达	短、稀疏

对亲本及 F_6 群体根系鲜重(RFW)、根系干重(RDW)、最大根系长度(MRL)的调查及统计在上海交通大学农业与生物学院人工气候室中进行。控制光照及黑暗时间分别为 16 h 及 8 h,温度为 28 ℃,光照强度为 200 μmol/(m² · s)。植株种植在基质(草木灰:泥炭:珍珠岩=7:2:1)中,置于直径为 10 cm、高度为 9 cm 塑料盆中。实验设置 2 次重复,每次重复群体中每一株系设置 4 个单株重复。

7.1.2　试剂

SRAP 体系优化所用引物序列(表 7-2、表 7-3)及扁豆遗传图谱构建所用 SRAP 引物序列(表 7-4、表 7-5)参考前人研究。本研究中大豆 EST-SSR 在扁豆中通用性的 50 对 EST-SSR 如表 7-6 所示。

表 7-2　SRAP **体系优化所用上游引物序列**

编号	序列	退火温度/℃
Me1	TGAGTCCAAACCGGATA	52.18
Me2	TGAGTCCAAACCGGAGC	57.01
Me11	TGAGTCCAAACCGGTCT	54.59
DC1	TAAACAATGGCTACTCAAG	51.09

表 7-3　SRAP **体系优化所用下游引物序列**

编号	序列	退火温度/℃
Em1	GACTGCGTACGAATTAAT	50.47
Em3	GACTGCGTACGAATTGAC	55.02
SA4	TTCTTCTTCCTGGACACAAA	53.70
GA18	GGCTTGAACGAGTGACTGA	57.56

表 7-4　**扁豆遗传图谱构建所用 SRAP 引物序列**(上游引物)

编号	序列
Me1	5'-TGAGTCCAAACCGGATA-3'
Me2	5'-TGAGTCCAAACCGGAGC-3'
Me3	5'-TGAGTCCAAACCGGAAT-3'
Me4	5'-TGAGTCCAAACCGGACC-3'
Me5	5'-TGAGTCCAAACCGGAAG-3'
Me6	5'-TGAGTCCAAACCGGTAG-3'
Me7	5'-TGAGTCCAAACCGGTTG-3'

续表

编号	序列
Me8	5'-TGAGTCCAAACCGGTGT-3'
Me9	5'-TGAGTCCAAACCGGTCA-3'
Me10	5'-TGAGTCCAAACCGGCAT-3'
Me11	5'-TGAGTCCAAACCGGTCT-3'
DC1	5'-TAAACAATGGCTACTCAAG-3'
PM8	5'-CTGGTGAATGCCGCTCG-3'

表 7-5　扁豆遗传图谱构建所用 SRAP 引物序列（下游引物）

编号	序列
Em1	5'-GACTGCGTACGAATTAAT-3'
Em2	5'-GACTGCGTACGAATTTGC-3'
Em3	5'-GACTGCGTACGAATTGAC-3'
Em4	5'-GACTGCGTACGAATTTGA-3'
Em5	5'-GACTGCGTACGAATTAAC-3'
Em6	5'-GACTGCGTACGAATTGCA-3'
Em7	5'-GACTGCGTACGAATTATG-3'
Em8	5'-GACTGCGTACGAATTAGC-3'
Em9	5'-GACTGCGTACGAATTACG-3'
Em10	5'-GACTGCGTACGAATTTAG-3'
Em11	5'-GACTGCGTACGAATTTCG-3'
Em12	5'-GACTGCGTACGAATTGTC-3'
Em13	5'-GACTGCGTACGAATTGGT-3'

续表

编号	序列
Em14	5′-GACTGCGTACGAATTCAG-3′
Em15	5′-GACTGCGTACGAATTCTG-3′
Em16	5′-GACTGCGTACGAATTCGG-3′
Em17	5′-GACTGCGTACGAATTCCA-3′
Em18	5′-GACTGCGTACGAATTCCT-3′
OD3	5′-CCAAAACCTAAAACCAGGA-3′
SA4	5′-TTCTTCTTCCTGGACACAAA-3′
GA18	5′-GGCTTGAACGAGTGACTGA-3′

表 7-6　本研究中大豆 EST-SSR 在扁豆中具有通用性的 50 对 EST-SSR

位点名称	引物序列(5′→3′)	SSR 模体	大豆基因组中的预期长度/bp	退火温度/℃	扁豆中的扩增长度
Gm000011	F:GAAACAGCACATGCTGAGGA	$(AGGAAA)_4$	324	59	280~350
	R:CACCACAATCATGCATCTCC				
Gm000097	F:AGAGGTACAGGCTGAAGGCA	$(TG)_7$	261	60	250
	R:GGGAGCACCGAAAAGTTGTA				
Gm000182	F:CTGCTTCCGCTGGATTAAAG	$(CCCAAA)_7$	314	59	300
	R:GGTGGGCTTCACGAAATCTA				
Gm000195	F:TAAATCCGAAAACCTCGTCG	$(CT)_6$	462	60	500~350
	R:CCGTTACCAACAAAGGCTGT				
*Gm000240	F:CTTCACAGAGAGAGGTGCCC	$(TC)_5$	171	59	150~160
	R:CTATTGGGTGGAAGGGTTGA				

续表

位点名称	引物序列(5′→3′)	SSR 模体	大豆基因组中的预期长度/bp	退火温度/℃	扁豆中的扩增长度
Gm000264	F：TTATCTCTTTGGCAGTGGGG	(CCAGCA)$_6$	456	60	450~500
	R：CAAGCCACACCAACATTGTC				
Gm000272	F：TAATTGGTGGAAGCCAAAGG	(TG)$_4$	458	59	450~500
	R：CCAGCATCAAAGTGGAGGAT				
Gm000288	F：GAGCAGGTGTGTGCAAGTGT	(CT)$_{12}$	416	59	450~500
	R：GCAAGAATAAGGGGAGGGAG				
*Gm000332	F：GAAACTTGGGCAACAGGAAA	(AG)$_7$	151	60	150
	R：AGTTCGCTTCAGACCCAAGA				
Gm000352	F：TGCAAGAAGCAAGTAATCCCT	(AT)$_{16}$	177	58	200~250
	R：CTCCACCACTCTGCTCTTCC				
Gm000403	F：CAAGACCACACTGCTCTCCA	(AT)$_8$	185	60	150
	R：AGACGCAACTGATTCAGGAAA				
Gm000425	F：GGTTGCACCAGGAAGACATT	(AT)$_4$	318	59	300
	R：AATGTATGGTCCCATCCCAA				
Gm000448	F：GAAGTCTGGAAAGACCAGCG	(GA)$_9$	113	59	150~200
	R：ACAATTGAGGATTCAACGCC				
*Gm000499	F：GGAAGAGCTGAGAGGGGAGT	(AG)$_5$	124	59	150
	R：CCAGATCTGAGAACCCCAAA				
Gm000534	F：TGGAAAACGGAAGGAAGATG	(AG)$_4$	328	60	450~300
	R：AGCACCCTTCTTCTTGAGCA				

续表

位点名称	引物序列(5′→3′)		SSR模体	大豆基因组中的预期长度/bp	退火温度/℃	扁豆中的扩增长度
Gm000539	F：AACGAGAATCCCCCTCCTTA	R：GTTCGTCGGTGGACATTTCT	$(TC)_{19}$	435	59	400
Gm000587	F：TGACTGGATTACACAAGGACCA	R：GGAAATGACGGAAACGAAGA	$(AG)_7$	209	60	200~300
Gm000625	F：TACTTTGCCCAATGATGCAC	R：GCAGGGTCATCCAATCTAGC	$(TC)_{10}$	481	59	400~550
*Gm000659	F：GATCATGGGCCAGCTTAAAA	R：AAACTGCTATGGGACCTCGT	$(GA)_9$	242	60	245
*Gm000664	F：GGTGCTGTTCGTGCTGTTAC	R：ACCGTCACAAAGCAAAAAGG	$(TG)_7$	461	59	470
Gm000724	F：GACAATGGGTCCGAGAAGAA	R：TGTGTGTGCAACTTGACCTTT	$(GA)_5$	220	60	200~250
Gm000740	F：AGCGATGCAATTATTCCTGG	R：AGGGTGATAGCCACCACAAG	$(CT)_{18}$	389	60	400
*Gm000742	F：CTTCACAGAGAGAGGTGCCC	R：CTATTGGGTGGAAGGGTTGA	$(TC)_5$	481	59	460
Gm000857	F：CGGAATGCAATCAAAAAGGT	R：AAAGCCACAAAGCAGCTATCA	$(TG)_4$	396	59	300~400
Gm000904	F：TGCATTGGAAGCTATAGGGG	R：TTTTCCGACATGCATAAACG	$(AT)_7$	141	60	150

续表

位点名称	引物序列(5'→3')	SSR 模体	大豆基因组中的预期长度/bp	退火温度/℃	扁豆中的扩增长度
Gm000971	F:CTTGTCTTCGCAAGAGGGTC	(AT)$_7$	261	59	250~350
	R:GCTCAGACCTGAAACCATCA				
Gm000982	F:CCTAGCTCTGTCGTTCCGTC	(TC)$_6$	232	60	250~300
	R:AGCGTCTCCATTCCATTGAC				
Gm001010	F:AGCAATGTGTGATGGTGGAA	(CA)$_8$	126	59	150
	R:TCGCTTTAAGCAAAATGATACAGA				
Gm001011	F:GCTGGAGCAGATCCTAATGC	(CT)$_4$	393	59	400~500
	R:GCTTACAAGCCAAGAGCACC				
Gm001050	F:AGTATAAAGCCGGCATCGTG	(CG)$_5$	291	60	300
	R:AGAGGTTGAGGTGCGTCTGT				
Gm001064	F:TGCTTGTGTCAAGATGCTTTG	(TA)$_{18}$	390	60	400
	R:TGTGCAGAGGTGGTTGTAGC				
Gm001105	F:GTAGGTGCTGCCCAAAACAT	(AT)$_{23}$	203	60	250~300
	R:TGTGTGCCCCTGCTACAATA				
Gm001130	F:AGGAAGAGTGGGTGTTGGTG	(ACCCTA)$_4$	223	60	200
	R:AGTTGGAGGTGAAATCGTGG				
Gm001143	F:AACCATGCCTCTGCCAATAC	(AT)$_8$	369	59	400
	R:CGTGAGATGAGACCACACCA				
Gm001152	F:TTAGGGCAGGGATTGATGAG	(TG)$_5$	334	60	300~350
	R:GGCCATAATTGATTTTGCAG				

续表

位点名称	引物序列(5′→3′)		SSR 模体	大豆基因组中的预期长度/bp	退火温度/℃	扁豆中的扩增长度
Gm001156	F:CCCTCAAACTCCATTTCACTC		$(AG)_5$	450	58	400~500
	R:CAAGAAAAACTCTGGCTCCG					
Gm001161	F:ATCAGATCAGAATCCCACCG		$(AG)_4$	180	59	200~250
	R:TGTGAAATCTCTGCCAGCAC					
*Gm001168	F:TGTGGTCCGATTGTTTGCTA		$(TC)_{16}$	240	60	210
	R:ACACCAAGCTCGAAAACCAC					
Gm001180	F:CTCACTCCCACAATTCCCAC		$(AC)_{11}$	438	60	500~550
	R:CAACGCTTGAAAAGAAAGGC					
Gm001187	F:CGGAAAGCTTGTCTCCTACG		$(AT)_{11}$	417	60	400
	R:TTAGCAATAAAGCCGCACAA					
Gm001197	F:AGGGAGTAGCGACGAACTCA		$(GA)_6$	481	60	450~500
	R:GAAACGGACTTTTCTCAGCG					
Gm001236	F:ACGTTGAGGCTCGAGAACAT		$(AT)_{12}$	489	59	500
	R:CACGCCATATGAGTGTGAGG					
Gm001243	F:GAGGGTGGTGCAATACTCGT		$(AT)_{19}$	380	59	400
	R:TTCCAAGCTCAAACTCAAATCA					
Gm001328	F:GTGGGGAGGCTGCTGTATTA		$(GACCAT)_6$	408	60	400~450
	R:CGATGGAAACCTGAACGAAT					
Gm001360	F:TGAAGCTTCGGTCTTGTGTG		$(CA)_4$	482	60	500
	R:CGAGAAGAAACACTCCTCGG					

续表

位点名称	引物序列(5′→3′)	SSR 模体	大豆基因组中的预期长度/bp	退火温度/℃	扁豆中的扩增长度
*Gm001362	F:ATCCACCGGTGTTGTGGTAT	(AG)₅	269	59	550
	R:GGTGGATCAAATGGTTGGAC				
Gm001364	F:CAACACAAAGCTCCCACCTT	(GA)₁₃	407	60	400
	R:CACCGTAGATCTTGCCCAAT				
Gm001416	F:CACGAAATGAAACCTCCTCC	(TC)₅	276	59	250~300
	R:AGGCTTTTCTGCTGCATTGT				
Gm001444	F:AATTGGGAAGCATCATCAGC	(TA)₅	200	60	200
	R:TTGTCTTTATGCAAGGAAAAGTTG				
Gm001471	F:TTTTTCAAGCTCCACCATCC	(TC)₁₀	464	60	450~500
	R:CCAATCCCTCTTCCTCTTCC				

注:*表示扁豆基因组中该位点存在长度多态性。

7.1.3 方法

7.1.3.1 DNA 提取

扁豆 DNA 提取按照试剂盒操作手册进行。

DNA 提取完成后对完整性、纯度、浓度进行检测,方法如下。

DNA 完整性利用琼脂糖凝胶电泳方法检测。制备 1% 琼脂糖凝胶,在 1×TAE 电泳缓冲液中进行电泳,于 120 V 条件下电泳 20 min。基因组 DNA 凝胶在电泳后经 EB 染色,在紫外灯下能够看到集中明亮的一条带,若条带出现弥散现象即说明 DNA 存在断裂及降解现象。

以 DNA 溶液在 260 nm 及 280 nm 波长处的吸光度比值衡量 DNA 纯度。纯

DNA 溶液 $OD_{260}/OD_{280} \approx 1.8$;当 $OD_{260}/OD_{280} > 1.9$ 时,说明提取的 DNA 溶液中存在 RNA 污染;当 $OD_{260}/OD_{280} < 1.6$ 时,说明有蛋白质、酚等污染。

以 DNA 在 260 nm 波长处的吸光度为参数估算 DNA 浓度。当 $OD_{260} = 1$ 时,双链 DNA 浓度约为 50 μg/mL。取一定量的 DNA 溶液,稀释一定倍数后,测量 OD_{260},DNA 的终浓度按下式计算:

$$\text{DNA 的终浓度} = OD_{260} \times 稀释倍数 \times 50 \qquad (7-1)$$

7.1.3.2 SRAP-PCR 反应体系及条件优化

(1) SRAP-PCR 反应体系优化

笔者对各因素进行优化,各因素水平如表 7-7 所示。

表 7-7 SRAP-PCR 反应体系各因素水平

因素	水平			
	1	2	3	4
$Mg^{2+}/(mmol \cdot L^{-1})$	1.00	1.50	2.00	2.50
$rTaq/(U \cdot 10\ \mu L^{-1})$	0.50	1.00	1.50	2.00
$dNTP/(mmol \cdot L^{-1})$	0.10	0.15	0.20	0.25
$Primer/(\mu mol \cdot L^{-1})$	0.60	0.80	1.00	1.20
$DNA/(ng \cdot 10\ \mu L^{-1})$	30.00	60.00	90.00	120.00

试验采用 $L_{16}(4^5)$ 正交设计,并设置 3 次重复。SRAP-PCR 反应的 $L_{16}(4^5)$ 正交设计如表 7-8 所示。

表 7-8 SRAP-PCR 反应的 $L_{16}(4^5)$ 正交设计

编号	$Mg^{2+}/$ $(mmol \cdot L^{-1})$	$rTaq/$ $(U \cdot 10\mu L^{-1})$	$dNTP/$ $(mmol \cdot L^{-1})$	$Primer/$ $(\mu mol \cdot L^{-1})$	$DNA/$ $(ng \cdot 10\ \mu L^{-1})$
1	1.0	0.5	0.10	0.6	30.0

续表

编号	Mg²⁺/ (mmol · L⁻¹)	rTaq/ (U · 10μL⁻¹)	dNTP/ (mmol · L⁻¹)	Primer/ (μmol · L⁻¹)	DNA/ (ng · 10 μL⁻¹)
2	1.0	1.0	0.15	0.8	60.0
3	1.0	1.5	0.20	1.0	90.0
4	1.0	2.0	0.25	1.2	120.0
5	1.5	0.5	0.15	1.0	120.0
6	1.5	1.0	0.10	1.2	90.0
7	1.5	1.5	0.25	0.6	60.0
8	1.5	2.0	0.20	0.8	30.0
9	2.0	0.5	0.20	1.2	60.0
10	2.0	1.0	0.25	1.0	30.0
11	2.0	1.5	0.10	0.8	120.0
12	2.0	2.0	0.15	0.6	90.0
13	2.5	0.5	0.25	0.8	90.0
14	2.5	1.0	0.20	0.6	120.0
15	2.5	1.5	0.15	1.2	30.0
16	2.5	2.0	0.10	1.0	60.0

SRAP-PCR 反应体系优化时,采用经初步筛选的反应条件(表 7-9)。

表 7-9　SRAP-PCR 反应条件

反应条件	循环数
94 ℃、5 min	1
94 ℃、45 s,35 ℃、45 s,72 ℃、1 min	8

续表

反应条件	循环数
94 ℃、45 s、50 ℃、45 s、72 ℃、1 min	35
72 ℃、10 min	1

（2）SRAP-PCR 反应条件优化

在 SRAP-PCR 反应体系优化的基础上，进一步对反应条件进行优化。根据引物退火温度采用 9 种不同的反应条件（表 7-10）。

表 7-10　PCR 反应条件

编号	反应温度/℃	循环数
1	49	30
2	50	30
3	51	30
4	49	35
5	50	35
6	51	35
7	49	40
8	50	40
9	51	40

（3）PAGE 凝胶电泳检测

①变性 PAGE 胶的制备

A. 准备平板、耳板各 1 块，将 2 块板灌胶面用无水乙醇彻底擦拭干净后晾干。

B. 取 2 mL 离心管，加入 1.5 mL 无水乙醇，然后加入冰醋酸、亲和硅烷各 18 μL，混匀后倒在平板上，均匀擦拭整个灌胶面。

C. 用剥离硅烷与氯仿 1∶5 混合的溶液均匀擦拭耳板整个灌胶面。

D. 待 2 块板完全晾干后,在平板两侧放置封条,将 2 块板灌胶面相对合拢固定。调整 2 块板中间预留空间大小至梳子插入时松紧适宜。

E. 将 50 mL PAGE 胶与 200 μL 过硫酸铵、18 μL TEMED 混匀后向两块板中均匀灌入,待灌满后将梳子水平端插入约 5 mm。

F. 静置 30 min 至胶完全凝固后,将多余胶冲洗干净,正向插入梳子。

G. 将制备好的 PAGE 胶置于垂直电泳槽中,加入 1×TBE 电泳缓冲液。

②上样

A. 将 DNA 样品与 10×Loading buffer 混合。

B. 98 ℃变性 10 min 后,迅速放入冰水混合物中冷却。

C. 将变性后的 DNA 样品加入点样孔中,每个点样孔加入 10 μL 样品,其中一个点样孔加入 DL2 000 marker。

③电泳

A. 将电极插头与相应的电极插头相连,调节电压至 3 000 V 开始电泳。

B. 待 Loading buffer 前端迁移至胶板 2/3 处时,停止电泳。

④染色及脱色

A. 将凝胶玻璃板从电泳槽中取出。

B. 轻轻撬开玻璃板,将附有凝胶的平板放入脱色液中,轻轻振荡至 Loading buffer 完全消失。

C. 用水简单漂洗后将胶板依次放入染色液、显色液及终止液中,每步都轻轻振荡 15 min,每步之间用水将胶板简单漂洗。

D. 用水将胶板冲洗干净后晾干,记录条带情况。

(4)条带观察及统计

PAGE 凝胶电泳结果按照条带数量、清晰度等因素进行打分。条带数量直接计数。条带清晰度打分中 1 为条带几乎不可见,2 为条带可见但不清晰,3 为条带清晰可见,4 为条带过亮,5 为条带存在拖带现象。将二者结果相加后进行统计分析。

(5)数据分析

利用统计软件 SPSS 16.0 对实验结果进行方差分析及显著性检测。

7.1.3.3　大豆 EST-SSR 的开发

（1）大豆 EST 数据获取

从欧洲生物信息学中心的欧洲分子生物学实验室数据库中下载大豆 EST 序列。对得到的 1 296 222 条大豆 EST 序列利用 seqclean 进行筛选,控制不确定碱基数小于 3% 且序列长度大于 100 bp。剔除不符合要求的序列。

（2）EST 序列分类和拼接处理

利用 TGICL(TGI Clustering tools)对筛选得到的 EST 序列进行分类及拼接处理。为了筛选 SSR 的多态性,控制序列的相似度高于 94%,且序列之间的重叠长度大于 100 bp。

（3）EST-SSR 多态性筛选

利用改进的 Sputnik 分析方法对经过拼接处理的 EST 序列进行 1~6 bp 碱基重复的 SSR 筛选。控制重复序列长度大于 8 bp;与完整的重复序列相比,变异幅度小于 10%。EST 序列中可能存在 poly(A)序列,故只对 G/C 重复序列进行测试。整个筛选过程利用 Perl 语言编写的程序进行。

（4）SSR 引物设计

应用引物设计软件 Primer Premier 3 设计引物。引物设计的总体原则:EST 序列长度大于 100 bp,SSR 序列的开始和结束位置分别距 5' 和 3' 端不少于 50 bp,引物长度为 18~25 bp,退火温度为 50~60 ℃,GC 含量为 40%~60%,PCR 扩增产物长度为 100~500 bp,尽量避免引物二级结构(如 dimer、hairpin、falseprimer)及连续 6 个碱基配对的出现。

（5）PCR 扩增

PCR 反应程序如表 7-11 所示。

表 7-11　PCR 反应程序

反应条件	循环数
95 ℃、2 min	1
95 ℃、60 s,46 ℃、60 s,68 ℃、60 s	33
68 ℃、10 min	1

PCR 反应体系如表 7-12 所示。

表 7-12　PCR 反应体系

试剂	含量
10×rTaq buffer	1 μL
DNA Template	30 ng
dNTP 混合液（2.5 mmol/L）	0.6 μL
Mg^{2+}（25 mmol/L）	0.6 μL
Primer 1（10 μmol/L）	0.4 μL
Primer 2（10 μmol/L）	0.4 μL
Takara rTaq（5 U/μL）	0.2 μL
ddH_2O	补足至 10μL

7.1.3.4　遗传图谱构建

SRAP 及 SSR 均为共显性标记,在永久分离群体中的理论分离比为 1：1。笔者对标记在 F_6 群体(共计 114 个单株)中的分离情况进行卡方测验,检测在重组自交系群体中是否符合 1：1 的孟德尔定律,再利用 Joinmap 4 对 F_6 群体的分子标记进行遗传图谱构建。

SRAP-PCR 反应体系及条件为经过本研究优化后的最优反应条件及体系。SSR 反应体系及条件同大豆 EST-SST 开发中所用反应体系及条件。

7.1.3.5　扁豆抗旱相关根系性状的调查及定位

（1）F_6 群体形态性状调查

笔者对种植于人工气候室内且萌发 10 d 的亲本眉豆 2012、南汇 23,以及杂交构建的 F_6 群体中每个株系的不同单株进行形态性状的调查。调查性状和调查标准如下。扁豆形态性状调查示意如图 7-1 所示。

根系鲜重(RFW)是植株地下部分根系在水分充足条件下的总质量。在植株萌发 10 d 且正常浇水条件下,将 4 株扁豆植株根系完全洗净后,吸干表面附着的水分,对根系质量进行测量。

根系干重(RDW)是植株地下部分根系在水分充足条件下完全烘干后的总质量。在植株萌发 10 d 且正常浇水条件下,将 4 株扁豆植株的根系完全洗净后,于 80 ℃条件下干燥过夜并进行测量。

最大根系长度(MRL)是植株地下部分根系在水分充足条件下的垂直生长的最大长度。在植株萌发 10 d 且正常浇水条件下,对 4 株扁豆植株的最大根系长度进行测量。

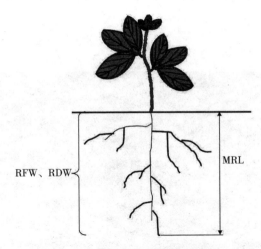

图 7-1　扁豆形态学性状调查示意

(2)统计分析及 QTL 定位

笔者利用 Microsoft Excel 2013 对根系鲜重、根系干重、最大根系长度进行统计分析,利用 MapQTL 5 对性状进行 QTL 定位,利用复合区间作图法进行性状定位。

7.2 结果与分析

7.2.1 SRAP-PCR 反应体系及条件优化

7.2.1.1 SRAP-PCR 反应体系优化

依据表7-8对16个不同的SRAP-PCR反应体系在不同条件下的PCR反应条带数量及清晰度进行打分,SRAP-PCR反应体系优化PAGE电泳结果如图7-2所示。

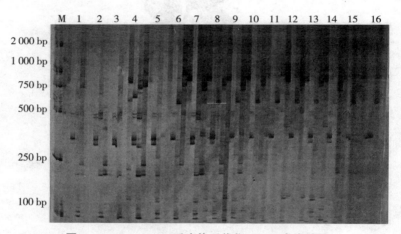

图 7-2 SRAP-PCR 反应体系优化 PAGE 电泳结果

注:M 为 DL2 000 marker;1~16 组泳道中每组分为 4 个泳道,分别为不同反应
体系下引物对 Me1-Em1、Me2-Em3、Me11-SA4、DC1-GA18 的扩增结果。

笔者利用SPSS对统计结果进行方差分析,如表 7-13 所示,dNTP、Mg^{2+} 浓度对 PCR 反应存在显著影响,DNA、引物、rTaq 浓度对 PCR 反应不存在显著影响。

表 7-13　SRAP-PCR 反应各因素方差分析

变异来源	自由度	均方	F 值
DNA 浓度	3	18.5	1.2
引物浓度	3	7.722	0.501
dNTP 浓度	3	64.333	4.173 8 *
rTaq 浓度	3	16.944	1.099
Mg^{2+}浓度	3	68.056	4.414 *
误差	32	15.417	——
总计	48	——	——

注：* 代表在 $p<0.05$ 水平下存在显著差异。

　　如图 7-3 所示：当 dNTP 浓度逐步提高到 0.2 mmol/L 时，条带的清晰度及数量不断提高；当 dNTP 浓度继续上升时，条带出现严重的拖尾现象，数量开始减少；当 dNTP 浓度为 0.1 mmol/L 时，条带的清晰度及数量显著低于其他设定浓度；当 dNTP 浓度为 0.2mmol/L 时，条带的清晰度及数量明显高于其他设定浓度。

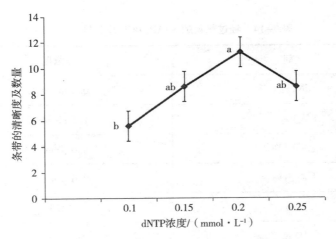

图 7-3　dNTP 浓度对 SRAP-PCR 的影响

注：相同字母表示在 $p<0.05$ 水平下无显著差异。

如图 7-4 所示,当 Mg^{2+} 浓度为 1 mmol/L、2 mmol/L、2.5 mmol/L 时,对 SRAP-PCR 反应无显著影响,条带的清晰度及数量显著低于当 Mg^{2+} 浓度为 1.5 mmol/L 时的条带的清晰度及数量。

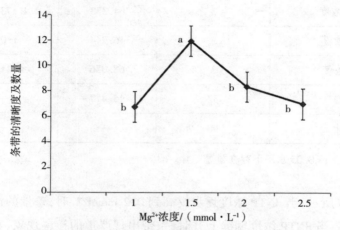

图 7-4　Mg^{2+} 浓度对 SRAP-PCR 的影响

注:相同字母表示在 $p<0.05$ 水平下无显著差异。

综上所述,经过优化的 SRAP-PCR 反应体系如表 7-14 所示。

表 7-14　经过优化的 SRAP-PCR 反应体系

试剂	终浓度
dNTPs	0.2 mmol/L
$MgCl_2$	1.5 mmol/L
上游引物	0.6 μmol/L
下游引物	0.6 μmol/L
rTaq	0.5 U
DNA	30 ng

续表

试剂	终浓度
ddH$_2$O	补足至 10 μL

7.2.1.2　SRAP-PCR 反应条件优化

SRAP-PCR 反应条件优化 PAGE 电泳结果如图 7-5 所示。如表 7-15 所示，当退火温度及循环数为 50 ℃、30 个循环及 51 ℃、35 个循环时，SRAP-PCR 反应条带数量显著增多。温度升高增加了反应的特异性，使条带更加清晰，故选择 51 ℃、35 个循环作为反应的退火温度及循环数。

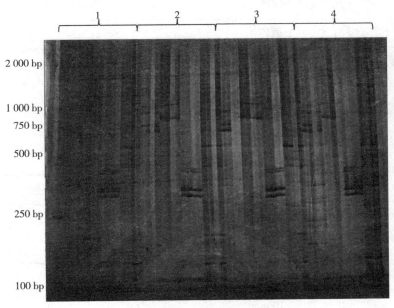

图 7-5　SRAP-PCR 反应条件优化 PAGE 电泳结果

注：M 为 DL2 000 marker；1-4 组泳道中每组泳道为 16 个泳道，分别为引物对 Me1-Em1、Me2-Em3、Me11-SA4、DC1-GA18 的扩增结果在 49 ℃、30 个循环，50 ℃、30 个循环，51 ℃、35 个循环，49 ℃、35 个循环条件下的 4 次重复 PCR 反应结果。

表 7-15　SRAP-PCR 反应退火温度、循环数对条带数量的影响

退火温度、循环数	条带数量
49 ℃、30 个循环	8.58±0.51c
50 ℃、30 个循环	22.92±1.89a
51 ℃、30 个循环	5.17±0.31d
49 ℃、35 个循环	1.33±0.24e
50 ℃、35 个循环	16.42±0.77b
51 ℃、35 个循环	25.67±1.25a
49 ℃、40 个循环	16.17±3.36b
50 ℃、40 个循环	16.92±1.36b
51 ℃、40 个循环	14.92±0.312b

注:条带数量为平均数±标准误,相同字母表示在 $p < 0.05$ 水平下无显著差异。

综上所述,经过优化的 SRAP-PCR 反应条件如表 7-16 所示。

表 7-16　经过优化的 SRAP-PCR 反应条件

反应条件	循环数
94 ℃、5 min	1
94 ℃、60 s,35 ℃、60 s,72 ℃、60 s	8
94 ℃、60 s,51 ℃、60 s,72 ℃、60 s	35
72 ℃、10 min	1

7.2.2　大豆 EST-SSR 的开发及在扁豆中的通用性

7.2.2.1　大豆 EST 数据库中 SSR 分布特点

笔者对 1 296 222 条大豆 EST 序列进行分类及拼接处理后,共得到 63 791 条拼接的非重复 EST 序列,每条拼接的 EST 序列中至少包含 2 条 EST 序列;在拼接后的 EST 序列中共检测到 75 402 个 SSR 位点,平均每条 EST 序列中含有 1.18 个 SSR 位点。同源比对结果表明,插入/缺失突变造成长度多态性的 SSR 位点共有 1 517 个,其中:73 个位点为单核苷酸重复,占重复类型总数的 4.8%;573 个位点为二核苷酸重复,占重复类型总数的 37.8%;764 个位点为三核苷酸重复,占重复类型总数的 50.4%;38 个位点为四核苷酸重复,占重复类型总数的 2.5%;25 个位点为五核苷酸重复,占重复类型总数的 1.6%;44 个位点为六核苷酸重复,占重复类型总数的 2.9%。

7.2.2.2　大豆 EST-SSR 在扁豆中的通用性

笔者从具有多态性的 EST-SSR 中随机选取 50 个设计引物,然在南汇 23 及眉豆 2012 中进行扩增,并分析在不同扁豆资源中存在的多态性。如图 7-6 所示,50 对引物在大豆及扁豆中均能够得到扩增,即 50 个 EST-SSR 在扁豆中的通用性为 100%,且 50 个位点中 8 个存在长度多态性。

所有引物都能够扩增出条带,但扩增产物呈多条带或片段大小与大豆中扩增产物不同,这说明虽然上述 EST-SSR 在扁豆中存在通用性,但与大豆中的 EST-SSR 位点存在明显的差异。

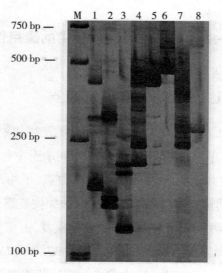

（a）大豆

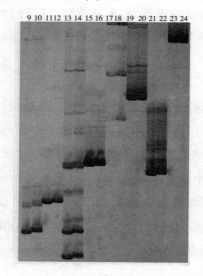

（b）扁豆

图 7-6　利用新开发的 SSR 引物对大豆及扁豆进行 PCR 扩增

注：M 为 marker，泳道 1～8 为大豆中 SSR 位点 Gm000240、Gm000332、Gm000499、
Gm000659、Gm000664、Gm000742、Gm001168、Gm001362，泳道 9、11、13、15、17、19、21、23
为眉豆 2012 中 SSR 位点 Gm000240、Gm000332、Gm000499、Gm000659、Gm000664、Gm000742、
Gm001168、Gm001362，泳道 10、12、14、16、18、20、22、24 为南汇 23 中 SSR 位点 Gm000240、
Gm000332、Gm000499、Gm000659、Gm000664、Gm000742、Gm001168、Gm001362。

7.2.2.3　大豆 EST-SSR 功能预测

为了发掘通用 SSR 的潜在功能,笔者利用 NCBI BLAST 程序中的 BLASTX 对上述 50 个 EST-SSR 位点进行相似性分析。BLASTX 分析时,E-value 阈值为 $1×10^{-6}$,HSP length cutoff 值为 33,Blast Hits 值为 20,再与 NCBI non-redundant (nr)数据库进行同源比对。本研究涉及的 50 个 EST-SSR 标记的预测功能如表 7-17 所示。

表 7-17　本研究涉及的 50 个 EST-SSR 标记的预测功能

位点名称	Top e-value	预测功能
Gm000011	$1×10^{-35}$	unknown[*Glycine max*]
Gm000097	0	unknown[*Glycine max*]
Gm000182	$3×10^{-71}$	WRKY42[*Glycine max*]
Gm000195	$7×10^{-69}$	RNA helicase[*Vigna radiata*]
Gm000240	$2×10^{-37}$	hypothetical protein[*Phaseolus vulgaris*]
Gm000264	$1×10^{-69}$	unknown[*Glycine max*]
Gm000272	$9×10^{-151}$	aspartyl-tRNA synthetase,putative[*Ricinus communis*]
Gm000288	$3×10^{-48}$	predicted protein[*Populus trichocarpa*]
Gm000332	$1×10^{-35}$	hypothetical protein[*Vitis vinifera*]
Gm000352	$1×10^{-38}$	unknown[*Glycine max*]
Gm000403	$1×10^{-136}$	agamous-like 1 protein[*Glycine max*]
Gm000425	$2×10^{-64}$	5-enolpyruvylshikimate-3-phosphate synthase [*Gossypium hirsutum*]
Gm000448	$2×10^{-150}$	unknown[*Glycine max*]
Gm000499	$3×10^{-117}$	unknown[*Glycine max*]
Gm000534	$2×10^{-115}$	ATP binding protein,putative[*Ricinus communis*]

续表

位点名称	Top e-value	预测功能
Gm000539	$2×10^{-25}$	unknown[*Glycine max*]
Gm000587	—	No homology
Gm000625	—	No homology
Gm000659	3.6	hypothetical protein bthur0009_6110[*Bacillus thuringiensis* serovar andalousiensis BGSC 4AW1]
Gm000664	$3×10^{-35}$	unnamed protein product[*Vitis vinifera*]
Gm000724	$2×10^{-77}$	unnamed protein product[*Vitis vinifera*]
Gm000740	$6×10^{-53}$	unknown[*Glycine max*]
Gm000742	$6×10^{-163}$	unknown[*Glycine max*]
Gm000857	0	unknown[*Glycine max*]
Gm000904	0	carbonic anhydrase[*Phaseolus vulgaris*]
Gm000971	$3×10^{-138}$	ATP-binding cassette transporter, putative[*Ricinus communis*]
Gm000982	0	calreticulin-1[*Glycine max*]
Gm001010	$6×10^{-163}$	unknown[*Glycine max*]
Gm001011	0	unknown[*Glycine max*]
Gm001050	$2×10^{-144}$	pollen allergen-like protein[*Pisum sativum*]
Gm001064	$3×10^{-42}$	unknown[*Glycine max*]
Gm001105	$3×10^{-46}$	unknown[*Glycine max*]
Gm001130	0	unknown[*Glycine max*]
Gm001143	$1×10^{-52}$	unknown[*Glycine max*]
Gm001152	$3×10^{-134}$	Pectinesterase precursor, putative[*Ricinus communis*]
Gm001156	$7×10^{-102}$	unknown protein[*Glycine max*]
Gm001161	$2×10^{-38}$	unknown[*Glycine max*]

续表

位点名称	Top e-value	预测功能
Gm001168	$7×10^{-46}$	hypothetical protein[*Vitis vinifera*]
Gm001180	$1×10^{-160}$	homeodomain-leucine zipper protein 57[*Glycine max*]
Gm001187	$5×10^{-104}$	unknown [*Glycine max*]
Gm001197	$3×10^{-41}$	predicted protein[*Populus trichocarpa*]
Gm001236	$2×10^{-69}$	unknown[*Glycine max*]
Gm001243	$4×10^{-16}$	hypothetical protein[*Vitis vinifera*]
Gm001328	$7×10^{-126}$	t-snare[*Medicago truncatula*]
Gm001360	0.012	GL22562[*Drosophila persimilis*]
Gm001362	$5×10^{-13}$	hypothetical protein[*Vitis vinifera*]
Gm001364	$2×10^{-75}$	predicted protein[*Populus trichocarpa*]
Gm001416	$4×10^{-135}$	unknown[*Glycine max*]
Gm001444	$5×10^{-50}$	unknown[Glycine max]
Gm001471	$2×10^{-5}$	hypothetical protein[*Vitis vinifera*]

7.2.3　扁豆遗传图谱构建

7.2.3.1　SRAP 引物筛选及在分离群体中的分离

笔者对选择的 273 对 SRAP 引物在亲本中的多态性进行检测,发现 273 对引物中有 113 对引物具有多态性,多态性引物比例为 41.4%。如图 7-7 所示,扩增条带清晰且数量丰富,具有多态性的 113 对引物共扩增产生 162 个多态性标记,平均每对引物产生 1.43 个标记。这些在亲本中具有多态性的 SRAP 可用于扁豆遗传图谱构建。

笔者对 113 对引物产生的 162 个多态性标记在 F_6 群体中的分离情况进行

卡方检验,检测是否符合 1∶1 的分离比例,如表 7-18 所示,当 *p*<0.01 时,162 个标记中存在 34 个偏分离标记,占总数的 21%,其中偏向母本的为 16 个标记(占总数的 9.9%),偏向父本的为 18 个标记(占总数的 11.1%)。

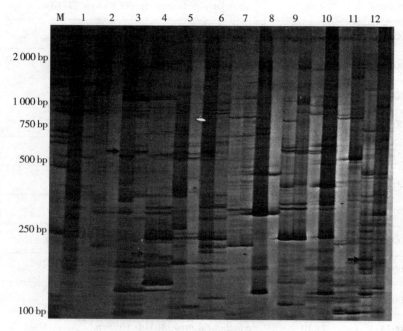

图 7-7　SRAP 引物筛选

注:M 为 DL2 000 marker;泳道组 1~12 中每组泳道包含 2 个泳道,分别为同一对引物在眉豆 2012 及南汇 23 基因组中的扩增结果;箭头标示处即存在的多态性位点。

表 7-18　多态性标记数量及偏分离情况

标记种类	引物数	多态性标记数	偏母本数	偏父本数
SRAP	113	162	16	18
SSR	21	25	0	4

7.2.3.2　SSR 引物筛选及在分离群体中的分离

笔者对在大豆中已开发的 SSR 标记及根据大豆 EST 新开发的 SSR 标记在

亲本南汇 23 及眉豆 2012 中进行多态性检测,结果表明,选择的 50 对 SSR 引物中共有 21 对引物存在多态性差异,多态性比例为 42%。如图 7-8 所示,扩增条带清晰且数量丰富,具有多态性的 21 对引物共扩增产生 25 个多态性标记,平均每对引物产生 1.19 个多态性标记。

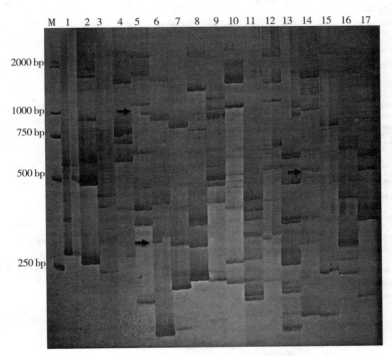

图 7-8　眉豆 2012 及南汇 23 SSR 引物筛选

注:M 为 DL 2 000 marker;泳道组 1~17 中每组泳道包含 2 个泳道,分别为同一对引物在眉豆 2012 及南汇 23 基因组中的扩增结果;箭头标示处即存在的多态性位点。

笔者对 21 对引物产生的 25 个多态性标记在 F_6 群体中的分离情况进行卡方检验,检测是否符合 1:1 的分离比例,如表 7-18 所示,当 $p < 0.01$ 时,25 个标记中存在 4 个偏向父本的标记,无偏向母本的标记。

7.2.3.3　遗传图谱构建

笔者利用 Joinmap 4 对存在多态性的 162 个 SRAP 及 25 个 SSR 进行遗传图谱构建。当 LOD = 3.2 时,187 个多态性标记中的 104 个能够定位到 14 个连锁群上,构建图谱涵盖 1 735.9 cM,平均图距为 16.7 cM(图 7-9)。

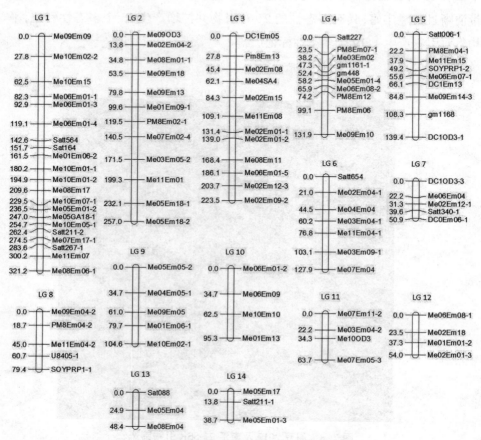

图 7-9　眉豆 2012×南汇 23 F₆ 群体遗传图谱

注:图谱根据分子标记间的相对距离构建,竖线左侧数字为标记间的相对遗传距离,
右侧为分子标记代号。

如表 7-19 所示,14 个连锁群由 3~21 个多态性位点构成,连锁群长度为 38.7~321.2 cM 不等,其中最大连锁群包含 21 个标记(17 个 SRAP 及 4 个 SSR),平均图距为 15.3 cM;最小连锁群包含 3 个标记位点,平均图距为 12.9 cM。

表 7-19　扁豆遗传图谱中标记的分布情况

连锁群	SRAP 数量	SSR 数量	标记总数量	连锁群长度/cM	平均图距/cM
1	17	4	21	321.2	15.3
2	12	0	12	257.0	21.4
3	12	0	12	223.5	18.6
4	7	3	10	131.9	13.2
5	6	3	9	139.4	15.5
6	6	1	7	127.9	18.3
7	4	1	5	50.9	10.2
8	3	2	5	79.4	15.9
9	5	0	5	104.6	20.9
10	4	0	4	95.3	23.8
11	4	0	4	63.7	15.9
12	4	0	4	54.0	13.5
13	2	1	3	48.4	16.1
14	2	1	3	38.7	12.9
总计	88	16	104	1 735.9	16.7

7.2.4　扁豆根系抗旱性状分析及 QTL 定位

7.2.4.1　抗旱性状表型评估及相关性分析

如图 7-10 所示,根系鲜重、根系干重、最大根系长度在眉豆 2012 及南汇 23 中存在显著差异。如表 7-20 所示,根系干重、最大根系长度在群体中的平均值均小于双亲平均值。

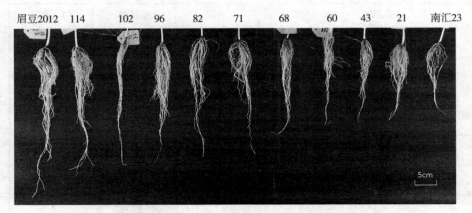

眉豆2012　114　　102　　96　　82　　71　　68　　60　　43　　21　　南汇23

图 7-10　眉豆 2012 与南汇 23 杂交 F_6 群体中单株萌发 10 d 后根系性状

注:单株上部数字为单株编号,其中第一株及最后一株分别为亲本眉豆 2012 及南汇 23。

表 7-20　根系性状的统计结果

性状	平均值/ cm	群体范围/ cm	标准差	变异 系数	偏度	峰度	P_1	P_2	双亲 平均值
RFW	1.38	0.15-6.57	0.16	11.60	1.28	1.66	2.00	0.51	1.26
RDW	0.060	0.0074-0.26	0.0043	7.17	1.95	1.76	0.14	0.022	0.081
MRL	16.95	5.90-28.30	0.57	3.36	-0.037	-0.60	28.3	15.35	21.83

注:P_1 是眉豆 2012,P_2 是南汇 23。

　　如图 7-11 所示,根系干重、根系鲜重、最大根系长度在 F_6 群体中分布符合 QTL 特征,F_6 群体能够用于 QTL 分析。

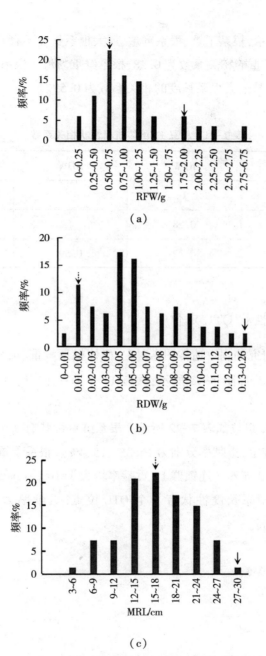

图 7-11　扁豆 F_6 群体根系抗旱性状的频率分布

注：实线箭头为 P_1（母本眉豆 2012）平均值，虚线箭头为 P_2（父本南汇 23）平均值。

如表 7-21 所示,根系干重、根系鲜重、最大根系长度不存在显著的相关性,根系鲜重与根系干重的相关系数为 0.28,根系鲜重与最大根系长度的相关系数为 0.22,根系干重与最大根系长度的相关系数为 0.59。

表 7-21　扁豆 F_6 群体抗旱性状相关系数

性状	RFW	RDW	MRL
RFW	1		
RDW	0.28	1	
MRL	0.22	0.59	1

7.2.4.2　抗旱性状 QTL 定位

笔者根据本研究的扁豆遗传图谱对 F_6 群体根系鲜重、根系干重、最大根系长度进行 QTL 定位,如图 7-12 所示,共有 11 个 QTL 位点,分别位于 7 个不同的连锁群上。

抗旱性状 QTL 定位如表 7-22 所示。根系鲜重性状有 2 个 QTL 位点,分别位于第 1、3 连锁群上,贡献率分别为 16.3%、15.4%。根系干重性状有 4 个 QTL 位点,分别位于第 3、5、6、7 连锁群上,贡献率均大于 10%;*rdw* 5.1 贡献率最高,为 18.9%。最大根系长度性状有 5 个 QTL 位点,贡献率为 9.9%~12.7%,*mrl* 4.1 贡献率较高。

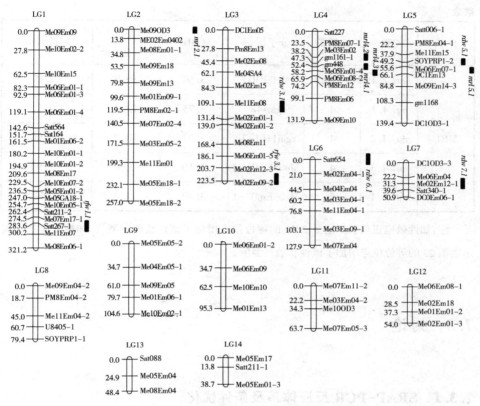

图 7-12　抗旱性状 QTL 定位

注:定位到的 QTL 位点位于连锁群的右侧,以黑色实心长条表示。

表 7-22　抗旱性状 QTL

性状	QTL	连锁群	分子标记	LOD	贡献率/%	加性效应
RFW	*rfw* 1. 1	1	Satt267-1	4.01	16.3	-0.59
	rfw 3. 1	3	Me02Em09-2	3.86	15.4	0.42
RDW	*rdw* 3. 1	3	Me11Em08	3.17	17.3	-0.11
	rdw 5. 1	5	SOYPRP1-2	3.43	18.9	0.11
	rdw 6. 1	6	Satt654	3.11	10.9	1.00
	rdw 7. 1	7	Me02Em12-1	3.10	10.9	0.99

续表

性状	QTL	连锁群	分子标记	LOD	贡献率/%	加性效应
MRL	*mrl* 2. 1	2	Me09OD3	3. 60	10. 9	−2.07
	mrl 4. 1	4	gm448	3. 75	12. 7	−2.32
	mrl 4. 2	4	gm1161−1	3. 32	10. 2	−1.95
	mrl 4. 3	4	Me05Em01−4	3. 10	9. 9	−1.95
	mrl 5. 1	5	Me06Em07−1	3. 49	10. 2	1. 50

注:加性效应正值表示眉豆 2012 的等位位点增加了该性状的表型值,加性效应负值表示南汇 23 的等位位点增加了该性状的表型值。

7.3　讨论

7.3.1　SRAP−PCR 反应体系及条件优化

SRAP 是一种分子标记技术,PCR 反应的各种因素对最终结果具有显著影响。PCR 反应中若各种物质浓度过低,则反应无法充分进行,产物过少;若各种物质浓度过高,则会出现电泳结果背景过高或严重的拖尾现象。退火温度是影响 PCR 反应效果的重要因素之一,退火温度过低会造成大量非特异性条带的出现,退火温度过高会使引物同模板无法很好配对进而导致条带过少。循环数过少会使 PCR 反应无法充分进行,从而导致产物过少;循环数过多可能使产物降解,从而造成产物减少。综上所述,对基于 SRAP 的 PCR 反应体系进行优化具有重要意义。

研究表明,不同作物中影响 SRAP−PCR 反应体系的关键因素不同,在烟草中 rTaq 浓度是较主要的影响因素,引物浓度的影响最小;有学者对黄瓜 SRAP−PCR 反应体系进行研究,结果表明,rTaq、引物浓度是较主要的影响因素。笔者认为,在扁豆中,Mg^{2+}、dNTP 浓度为影响 SRAP−PCR 反应体系的主要因素,rTaq

浓度对 SRAP-PCR 反应体系不存在显著影响。大多数学者将 SRAP-PCR 反应退火温度及循环数确定在 50~55 ℃ 及 30~35 个循环,这与笔者研究相似。笔者认为扁豆 SRAP-PCR 反应体系最佳退火温度及循环数分别为 51 ℃ 及 35 个循环。

SRAP 具有较高的退火温度及较长的引物,从而使反应产物较稳定并具有一定的可重复性,弥补了 RAPD 的缺陷。SRAP 以 ORF 为主要的扩增区段,增加了标记的特异性及可利用性。笔者进行了扁豆 SRAP-PCR 反应体系及条件的优化,为后续研究工作奠定基础。

7.3.2　大豆分子标记的开发

不同的 SSR 类型中以三核苷酸重复类型最为常见,其次为二核苷酸重复类型和四核苷酸重复类型。研究表明,在禾谷类作物中,三核苷酸重复类型占重复类型总数的比例最高(54%~78%),其次为二核苷酸重复类型(17.1%~40.4%)和四核苷酸重复类型(3%~6%);有学者认为,不同作物的各种重复类型出现频率和所占比例有很大差异。由前人研究可知,小麦的三核苷酸重复类型占重复类型总数的比例为 49%~83%,二核苷酸重复类型和四核苷酸重复类型占重复类型总数的比例基本相等,水稻 EST-SSR 重复类型分布特点与上述相近。

本研究表明,大豆 EST-SSR 重复类型分布以三核苷酸重复类型最多,占重复类型总数的 50.4%;其次是二核苷酸重复类型,比例为 37.8%;四核苷酸重复类型占重复类型总数的 10.02%。该结果与前人结果有一定差异,这可能是由于不同物种之间存在遗传差异。

通过其他物种中已存在或新开发的分子标记丰富本物种基因组信息,不仅能够加快研究进程,也能验证特定分子标记在不同物种中的通用性。有学者对从菜豆中开发的 EST-SSR 在其他豆科植物中的可扩增性进行研究,结果表明,82% 的标记至少能够在 1 种豆科植物中得到扩增。有学者对小麦、玉米及高粱中开发的 SSR 在海滨雀稗中的可扩增性进行研究,结果表明,分别有 67.5%、49.0% 及 66.8% 的标记存在通用性,且标记在海滨雀稗中的多态性达到51.5%。

一个物种开发的 SSR 在其他物种中的通用性高低可能与物种之间亲缘关系远近有关。研究表明,在蒺藜苜蓿中开发的 SSR 在不同豆科植物中的通用性为 53%~71%,在非豆科植物中的通用性为 33%~44%。研究表明,高羊茅及多年生黑麦草属间 SSR 的通用性能达到 100%。通用性高低还可能与 SSR 序列自身的特性及引物设计中参数选择有一定的关系。本研究表明,大豆中开发的 EST-SSR 在扁豆中的通用性为 100%,这可能由于大豆与扁豆同属于豆科并具有高度同源性。

7.3.3　扁豆遗传图谱

笔者以眉豆 2012 与南汇 23 杂交的 F_6 群体构建扁豆遗传图谱,并将 SRAP、SSR 用于扁豆遗传图谱构建。SRAP 产率高且共显性高,但无法在基因数目较少的着丝粒、端粒等异染色质区域有效地进行多态性标记。SSR 标记呈共显性遗传,重复性高,稳定性好,在基因组中分布均匀,能够很好弥补 SRAP 的缺点。同时利用 SRAP、SSR 进行遗传图谱构建能够使标记的覆盖范围更广,标记分布更均匀。

前人研究关于扁豆遗传图谱中的连锁群与染色体进行有效对应的研究鲜有报道。有学者利用 RFLP、RAPD 对扁豆 F_2 群体进行遗传图谱构建,结果表明,该图谱包含 17 个连锁群。笔者用 RAPD 对 F_2 群体构建包含 14 个连锁群的扁豆遗传图谱,由于标记数量过少,图谱密度过低,因此无法对应染色体。笔者利用 F_6 群体构建的连锁图谱包含 14 个连锁群,但第 7~14 连锁群过小,尚不能够与扁豆的染色体数有效对应;这可能是由于本研究的分离群图过小且标记数量较少,无法有效覆盖扁豆整个染色体。

笔者利用 F_6 群体构建的遗传图谱标记间的平均图距较大,这可能由于:标记种类较少,在图谱构建过程中 SRAP 体系不稳定,引物间存在竞争,从而使图谱密度下降;该图谱构建所用亲本属同一亚种,亲缘关系过近使标记的多态性下降。

偏分离现象在植物界及动物界普遍存在,无法用传统的遗传理论及方法进行分析。偏分离现象几乎存在于所有已报道的遗传图谱中,与分子标记的种类及杂交组合的类型相关,同时也是群体中正常的自然现象,是一种重要的进化动力。有学者构建的扁豆遗传图谱中 RAPD 偏离父本,这可能由于父本携带相应的致死基因。笔者利用 F_2 群体构建的扁豆遗传图谱中,RAPD 同时存在偏离父本、母本的现象,且偏离比例约为 1∶1,这可能由于使用了不同的亲本。笔者利用 F_6 群体构建的扁豆遗传图谱中,SRAP 及 SSR 存在偏分离现象,SRAP 在父本、母本中的偏离比例约为 1∶1,SSR 均偏离母本。

7.3.4 扁豆根系抗旱性状 QTL 定位

QTL 位点反映了控制相应数量性状的多基因集中存在于连锁群上的位置,性状之间的相关性与 QTL 的分布位置间通常存在相关性。本研究表明:根系鲜重、根系干重及最大根系长度间不存在显著的相关性;不同根系抗旱性状的QTL 位点间不存在重叠及富集现象,从另一个角度说明了性状相关性与 QTL 位点之间的关系。

根系性状是植物对干旱胁迫抗性的重要指标,已在多种植物中进行了 QTL定位。有学者对玉米干旱相关性状进行 QTL 定位,共发现 4 个与根系质量相关的 QTL 位点,表现为超显性。有学者对鹰嘴豆根系性状进行 QTL 定位,发现 1个能够解释近 1/3 根系生物量表型变异的 QTL 位点。有学者对小麦最大根系长度、根系数量、根系总长、根系表面积等性状进行定位,共发现了 23 个相关的QTL 位点,这些 QTL 位点分布于 17 条染色体上,且能够解释 4.98%~24.31%的根系表型变异。本研究表明,根系鲜重、根系干重、最大根系长度性状共检测到11 个 QTL 位点,分布于 7 个连锁群上,能够解释 9.9%~18.9%的根系表型变异。

对数量性状进行 QTL 定位并寻找与主效 QTL 相连锁的分子标记,能有利于分子标记辅助育种的研究。有学者对水稻在干旱条件下的产量进行研究,发现 1 个主效 QTL 位点 qDTY 1.1,并发现与之相连锁的标记 RM431 及 RM12091;研究表明,水稻 RM 252 标记与干旱胁迫下的产量性状密切相关。有学者对小麦在干旱胁迫下的千粒重性状进行 QTL 定位,结果表明,第 7 连锁群的短臂与千粒重性状密切相关。笔者对根系性状进行 QTL 定位,发现若干与根系性状QTL 位点相关的分子标记,这为扁豆分子标记辅助育种提供了理论指导。

第8章　扁豆苗期抗旱机理研究及 *LpMYB1-like* 克隆

根系是植物吸收无机营养及水分的重要器官,也是在土壤干旱条件下最先受到影响的部位。有研究表明,根系发达程度与植物对干旱胁迫的适应性相关,对干旱抗性强的植物普遍具有发达的根系。研究表明,个别 QTL 位点能够解释 33% 根系生物量的变异。有学者对火炬松、鹰嘴豆等植物根系进行转录分析,发现大量与干旱抗性相关的基因。根系性状的改良已成为植物抗旱育种的重要方面。

SSH 文库能够用于发现同一组织在不同环境条件下基因表达的差异情况。有学者利用 SSH 文库分别在谷子、水稻及土豆中发现了 *SiDREB*2、*OsWR*1、*StMYB*1*R*-1 等增强干旱抗性的相关基因,有学者在拟南芥及谷子中发现了 *CBF*、*SiNAC* 等与非生物胁迫相关的基因。SSH 文库高效、灵敏,广泛用于个体发育、逆境胁迫反应等方面的研究。前人关于扁豆苗期根系对干旱响应的转录分析的研究鲜有报道。

植物对干旱胁迫的响应是一个复杂的过程,包括环境因子同植物体内各种生理生化途径之间的互作;利用 SSH 文库能够有效、全面分析干旱胁迫下植物体内各种生理生化途径及相关基因表达差异情况,并发现其中具有重要作用的基因。有学者利用 SSH 文库发现了多种抗逆蛋白基因、转录因子等。

笔者以具有发达根系的抗旱扁豆资源眉豆 2012 为材料,采用 SSH 文库对扁豆在干旱胁迫条件下的基因表达差异情况进行分析,以期发现与逆境胁迫抗性相关的基因,为后续扁豆抗旱育种提供理论基础。

当植物受到干旱、高温、高盐等逆境胁迫时,会采取各种策略以维持自身的生长繁殖。改变相关基因的表达水平是其中一种策略,这些基因的表达往往受转录因子调节的影响。MYB 是转录因子的其中一个大家族,对植物及动物的生长发育具有重要的调节作用。当植物受到逆境胁迫时,MYB 表达会受到诱导或抑制,从而调节逆境胁迫响应基因发挥作用。笔者基于 SSH 文库中 *LpMYB*1-*like* 的 EST 部分序列,通过 RACE 技术获得 *LpMYB*1-*like* 的全序列,从而对结构特征及功能进行研究。

8.1　材料与方法

8.1.1　材料

本实验利用的扁豆材料为眉豆2012,种植于上海交通大学农业与生物学院人工气候室;控制光照及黑暗时间分别为 16 h 及 8 h,温度为 28 ℃,光照强度 200 μmol/(m² · s)。植株种植在基质(草木灰∶泥炭∶珍珠岩=7∶2∶1)中,置于直径为 10 cm、高度为 9 cm 塑料盆中,待种子萌发 10 d 后,开始进行干旱处理,共持续 10 d。实验分为对照组和处理组,对照组每天正常浇水,处理组在处理开始时充分浇水后不再补充水分。分别在处理的 2 d、4 d、6 d、8 d、10 d 对对照组及处理组进行采样。每处理设 4 次重复。

本实验中遗传转化所用大豆品种为垦丰 16 号。该品种为有限节荚习性,尖叶,白花,喜肥水,生育后期抗旱能力强。

8.1.2　试剂

PCR 及探针制备引物如表 8-1 所示。

表 8-1　PCR 及探针制备引物

引物涉及序列名称	引物
SSH library clones	5′-CGCCAGGGTTTTCCCAGTCACGAC-3′
	5′-AGCGGATAACAATTTCACACAGGA-3′
Actin	5′-GATTCCGTTGCCCAGAAGT-3′
	5′-TGAGCCACCACTAAGAACAATG-3′
Bar	5′-GAATCCTCGAGTCAAATCTCGGTGACGGGCA-3′
	5′-CAATCCTCGAGTCTACCATGAGCCCAGAAC-3′

续表

引物涉及序列名称	引物
Protein aig1-like	5′-AAGGTTTGCTAGGCTTAAGGCTGAG-3′
	5′-CCCCACTCCTACGACCACCAC-3′
PRKR interacting protein	5′-TCATTGTTGTCCGAGTCTCCATCAC-3′
	5′-CGGCAAAGAAGCGAGCAAAGC-3′
NFYB-like	5′-CTATGGGAAGGAGCCTGTCTTGC-3′
	5′-GGTATTGTAAGCGGCAGAGTGATGG-3′
MYB transcription	5′-TTCAGAGCAGCAGGGTTACTTCTAC-3′
	5′-ATCGTCCAAGTTCCACAGTCCATC-3′
Major latex-like protein	5′-TGTTGTTGTTAGTCTTGCGAGTGTC-3′
	5′-GATATGGCTACCGCTACCCTGTTG-3′
M0306155	5′-TCTTTAGTGCCATTGTTGCGATTGC-3′
	5′-GGGAGCAGGTGGACAAGATTTCG-3′
M0306152	5′-TCTCGGACAAACCAAGGGAACAAC-3′
	5′-GGGCCAATCCTCAAGTGAGTTACC-3′
M0306081	5′-TGTTGTTGTTAGTCTTGCGAGTGTC-3′
	5′-GGATATGGCTACCGCTACCTGTTG-3′
Histidine-containing phosphotransfer	5′-CCCTTCTCTACACATTCACACATCC-3′
	5′-CGGCTTGAGCAACAGATAGTGG-3′
EIF 5a2	5′-TCCCATAGCAGACATGACAGAAACC-3′
	5′-GGGACTGAGAACGGAAATACCAAGG-3′
glycine-rich protein	5′-GAGCGGCTGAAGGAGGTGAAG-3′
	5′-GGCATCATAAGACCAACCGTTGTG-3′

续表

引物涉及序列名称	引物
M0306136	5′-GCAGAGCAATTTCCTGGAGCCTTC-3′
	5′-GACCCCTTCCAAGCCCCAAAAC-3′
TRANSPARENT TESTA 1-like	5′-CTACTTCATCACTTGAGGCACCATC-3′
	5′-AGGCTCAGGGAAAGGTTTGCTAC-3′
heme-binding protein 2-like	5′-AGTCTCCTGAAGCCTGTTCTTGTG-3′
	5′-CGCCGCTATAATTCACCCGTTTG-3′

　　大肠杆菌菌株 DH5α 由本实验室保存。发根农杆菌菌株 k599 由本实验室保存。MSB 培养基配方如表 8-2 所示。

表 8-2　MSB 培养基配方

成分类型	成分种类	含量/(mg · L^{-1})
大量元素	NH_4NO_3	1 650
	KNO_3	1 900
	$CaCl_2 \cdot 2H_2O$	440
	$MgSO_4 \cdot 7H_2O$	370
	KH_2PO_4	170
微量元素	KI	0.83
	$CoCl_2 \cdot 6H_2O$	0.025
	H_3BO_3	6.2
	$Na_2MoO_4 \cdot 2H_2O$	0.25
	$MnSO_4 \cdot 4H_2O$	22.3
	$CuSO_4 \cdot 5H_2O$	0.025
	$ZnSO_4 \cdot 7H_2O$	8.6
	$FeSO_4 \cdot 7H_2O$	27.85
	Na_2EDTA	37.25

续表

成分类型	成分种类	含量/($mg \cdot L^{-1}$)
B_5 的有机成分	肌醇	100
	烟酸	1
	盐酸吡哆醇	1
	维生素 B_1	10
碳源	蔗糖	20 000

White 培养基配方如表 8-3 所示。

表 8-3　White 培养基配方

成分类型	成分种类	含量/($mg \cdot L^{-1}$)
无机盐类	$Ca(NO_3)_2 \cdot 4H_2O$	287
	KNO_3	80
	KCl	65
	$NaH_2PO_4 \cdot H_2O$	19.1
	$MgSO_4 \cdot 7H_2O$	738
	$Na_2SO_4 \cdot 20H_2O$	53
	$MnSO_4 \cdot 4H_2O$	6.6
	H_3BO_3	1.5
	$ZnSO_4 \cdot 7H_2O$	2.7
	KI	0.75

续表

成分类型	成分种类	含量/(mg · L⁻¹)
有机成分	甘氨酸	3.0
	烟酸	0.5
	盐酸吡哆醇	0.1
	维生素 B_1	0.1
	柠檬酸	2.0
	蔗糖	20 000

含 10% PEG 的 White 固体培养基配制方法如下。当直接将 PEG 6000 加入固体培养基中时,PEG 会破坏琼脂的结构,导致培养基无法凝固,故采用分步加入的方法配制含 10%PEG 的 White 固体培养基。向 White 液体培养基中加入 15 g/L 琼脂后,灭菌分装至直径为 90 mm 的培养皿中,每个培养皿中加入 30 mL 培养基,于无菌条件下等待其凝固;配制 25%的 PEG 6000 水溶液,灭菌后加入 White 平板中,每个平板中加入 20 mL,平衡过夜后即为含 10%PEG 的 White 固体培养基。使用时将上层液体倒尽即可。

8.1.3 方法

8.1.3.1 SSH 文库构建中扁豆苗期根系 RNA 提取

扁豆苗期根系 RNA 提取采用 UNIQ-10 柱式 Trizol 总 RNA 抽提试剂盒。RNA 提取后,对不同单株 RNA 进行等量混合(每一单株 100 μg),分别构建对照及处理的总 RNA 池。利用 Poly(A) mRNA 纯化试剂盒提取 mRNA。总 RNA 的提取及 mRNA 纯化步骤按照相应试剂盒操作手册进行。

RNA 提取完成后对完整性、纯度、浓度进行检测。

RNA 完整性利用琼脂糖凝胶电泳方法检测。利用 1%琼脂糖凝胶于 120 V 条件下电泳 20 min。植物总 RNA 在电泳并经 EB 染色后,在紫外线下能够看到明显的 28S 及 18S 条带,且 2 条条带亮度比约为 2∶1;若条带出现弥散现象或二者亮度低于 2：1,则说明 RNA 存在降解现象。

以 RNA 溶液在 260 nm 及 280 nm 波长处的吸光度比值衡量 RNA 纯度。纯 RNA OD_{260}/OD_{280} = 1.8 ~ 2.0;当 OD_{260}/OD_{280} > 2.2 时,说明 RNA 已降解;当 OD_{260}/OD_{280} < 1.8 时,说明有蛋白质、酚等污染。

以 RNA 在 260 nm 波长处的吸光度为参数估算 RNA 浓度。当 OD_{260} = 1 时,双链 RNA 浓度约为 40 μg/mL。取一定量的 RNA 溶液,稀释一定倍数后,测量 OD_{260},RNA 浓度按下式计算:

$$RNA 浓度 = OD_{260} × 稀释倍数 × 40 \tag{8-1}$$

8.1.3.2　干旱胁迫下扁豆根系 SSH 文库构建

为了分析干旱胁迫下扁豆根系中不同基因的表达情况,笔者分别以干旱胁迫 10 d 的处理组为检测子、对照组为驱动子,构建正向文库,以对照组为驱动子、处理组为检测子构建反向文库。

将文库中的片段经酶切并连接 pBluescript Ⅱ SK(-)载体之后,转化大肠杆菌 DH5α。从含有 100 mg/L 氨苄青霉素的 LB 固体培养基平板上挑取阳性菌落,进行 PCR 扩增验证后再进行文库表达差异筛选。

笔者利用抗旱扁豆资源眉豆 2012 构建正向及反向 SSH 文库,并在不同干旱胁迫时间条件下进行基因表达分析。

（1）SSH 文库构建

SSH 文库构建利用 PCR-SelectcDNA Subtraction Kit,分别取处理组及对照组 2 μg mRNA 制作检测子及驱动子,然后根据操作手册进行 SSH。

（2）PCR 产物酶切及连接转化

笔者利用 SfiI 对 PCR 产物进行酶切,SfiI 酶切反应体系如表 8-4 所示。将溶液混匀后,于 50 ℃水浴条件下温育 1 h。

表 8-4　SfiI 酶切反应体系

试剂	体积/μL
SfiI	1
PCR 产物	17

续表

试剂	体积/μL
10× M buffer	2

笔者利用 T4 DNA 连接酶将 pBluescript Ⅱ SK(-)载体及酶切后的 PCR 产物进行连接。在 PCR 管中按表 8-5 配制反应溶液,将溶液混匀后,于 16 ℃ 反应过夜。

表 8-5　PCR 反应体系

试剂	体积/μL
pBluescript Ⅱ SK(-)载体	1
酶切产物	5
T4 DNA Ligase	1
10×T4 DNA Ligase Buffer	1
ddH$_2$O	补充至 10

(3)重组质粒的鉴定

利用 CaCl$_2$ 法制备大肠杆菌感受态细胞,并将重组质粒通过热激法导入大肠杆菌感受态细胞,将菌液均匀涂布于含有 100 mg/L Amp 的 LB 平板上,于 37 ℃ 条件下培养 12~16 h。

挑取平板上分离良好的单菌落,加入 1 mL 含有 100 mg/L Amp 的 LB 液体培养基,37 ℃ 振荡培养(160 r/min)4~6 h 后进行菌落 PCR 鉴定。

PCR 反应引物序列如下。

上游引物:5′-TCGAGCGGCCGCCCGGGCAGGT-3′

下游引物:5′-AGCGTGGTCGCGGCCGAGGT-3′

PCR 反应体系如表 8-6 所示。

表 8-6　PCR 反应体系

试剂	体积/μL
10×PCR buffer	5
Mg^{2+}(25 mmol/L)	3
dNTP mix(2.5 mmol/L)	4
上游引物(10 μmol/L)	2
下游引物(10 μmol/L)	2
菌液	1
Takara Taq	0.25
ddH$_2$O	32.75

PCR 反应条件如表 8-7 所示。

表 8-7　PCR 反应条件

反应条件	循环数
94 ℃、3 min	1
94 ℃、10 s,55 ℃、30 s,72 ℃、1 min	35
72 ℃、5 min	1

PCR 反应产物用 1% 琼脂糖凝胶电泳检测。电泳条件为 120 V,20～30 min。

8.1.3.3　利用反式 northern 杂交筛选差异表达克隆

为了剔除文库中的假阳性克隆,笔者取菌落 PCR 扩增产物 100 ng 置于预先用 20×SSC 溶液充分湿润的尼龙膜上,用 2×SSC 简单漂洗后于 120 ℃烘烤 30 min;利用 actin 作为内参校准杂交信号,bar 作为阴性对照控制背景噪声。

取处理组及对照组各 100 ng mRNA,利用 PrimeScript RT reagent kit 合成

cDNA 后,根据 DIG High Prime DNA Labeling and Detection Starter Kit Ⅱ 分别制作地高辛标记的 DNA 探针,并进行杂交筛选。每个单菌落进行 3 次反向杂交。cDNA 合成、DNA 探针制作及杂交筛选步骤按照相应试剂盒操作手册进行。

8.1.3.4 文库分析

(1)序列处理

利用 SeqTrim 剔除序列中的载体序列、接头序列及 poly(A/T)序列,同时去除长度小于 100 bp 的序列。对处理后的序列随机选取其中的 15%,利用 BLAST 进行序列的人工复查及验证。利用 SeqMan7.1.0 对经处理的序列进行拼接,控制重叠序列长度大于 40 bp,序列匹配度高于 95%,序列长度大于 100 bp。将得到的序列进行拼接为 Contigs,并与其他的 Singletons 数据合并成为具有表达差异的 Unigene 数据集。

(2)序列分析

利用 NCBI BLAST 程序中的 BLASTX 对经处理的 unigene 序列进行相似性分析。BLASTX 分析时,E-value 阈值为 1×10^{-6},HSP length cutoff 值为 33,Blast Hits 值为 20,与 NCBI non-redundant (nr)数据库进行同源比对。

利用 BLAST2GO(version 2.5.0) 对序列进行定位及注释。注释时设定 E-Value-Hit-Filter 值为 1×10^{-6},Annotation Cutoff 值为 55,GO Weight 值为 5,Hsp-Hit Coverage Cutoff 值为 20。GO 注释序列以生物过程、分子功能及细胞组分进行分类。对于已经过注释的序列利用 GO 及 KEGG 进行相关酶的定位并在相关代谢途径中所处的位置予以标示。

利用 BLAST2GO 中的 GOSSIP 模块进行 GO 富集分析。分析采用 Fisher 精确检验,设定 $p \leqslant 0.05$,对不同文库中的差异表达 EST 进行富集。

(3)qPCR 检测

取处理组及对照组各 5 μg 总 RNA,利用 PrimeScript RT reagent kit 合成 cDNA,具体步骤按照试剂盒操作手册进行。

利用不同引物(表 8-1)进行 3 次生物学重复的 qPCR 扩增,以分析不同基因的表达差异情况。特异性扩增引物利用 Primer3 设计,控制引物长度为 20~25 nt,扩增产物长度为 80~200 bp。以 *actin* 作为内参。

qPCR 利用 SYBR*Premix Ex Taq* Ⅱ进行,反应体系如表 8-8 所示。

表 8-8　qPCR 反应体系

试剂	体积/μL
SYBR*Premix Ex Taq* Ⅱ(2×)	5
上游引物(10 μmol/L)	0.4
下游引物(10 μmol/L)	0.4
cDNA	1
ddH$_2$O	3.2

qPCR 反应条件如表 8-9 所示。

表 8-9　qPCR 反应条件

反应条件	循环数
95 ℃、30 s	1
95 ℃、10 s,55 ℃、30 s,72 ℃、20 s	40

8.1.3.5　*LpMYB*1-*like* 基因克隆

根据 SSH 文库分析中获得的 *LpMYB*1-*like* 的 EST 序列信息,利用 RACE 技术方法获取 *LpMYB*1-*like* 全序列信息。

(1)基因克隆中眉豆 2012 RNA 提取

将眉豆 2012 种子播种于基质中,待萌发 10 d 后开始控制水分,分别进行干旱胁迫处理 2 d、4 d、6 d、8 d、10 d,然后将植株从基质中取出,冲去根部附着基质,利用根系组织进行 RNA 提取。

RACE 要求 RNA 中不存在痕量的 DNA,故 RNA 提取采用 RNAprep pure Plant Kit 进行,具体步骤按照试剂盒操作手册进行。

(2)从眉豆 2012 cDNA 中克隆 *LpMYB*1-*like* 基因

采用快速扩增 cDNA 末端技术对 *LpMYB*1-*like* 基因进行克隆。具体步骤按照相应试剂盒操作手册进行。

5'-及 3'-RACE 中 GSP 序列如下。

5'-RACE 中 GSP:5'- CTGCTGCTGAACCTGCTGCTGATGC -3'

3'-RACE 中 GSP:5'- GCATCAGCAGCAGGTTCAGAGCAG -3'

（3）*LpMYB*1-*like* 基因全长扩增

根据 5'-及 3'-RACE 产物的测序结果设计 *LpMYB*1-*like* 基因全长扩增的上下游引物,对该基因的全序列进行 PCR 扩增。

PCR 扩增引物如下。

MYB-F:5'- AAGCAAAATTGAGACACTTTATTAA -3'

MYB-R:5'- ACATGGGGAGTACCATAGAATTTGT -3'

根据表 8-10 配制 PCR 反应液。

表 8-10　PCR 反应体系

试剂	体积/μL
ddH$_2$O	20
PrimeSTAR Max DNA Polymerase	25
MYB-F	2
MYB-R	2
cDNA	1

根据表 8-11 进行 PCR 反应。

表 8-11　PCR 反应条件

温度/℃	时间/s	循环数
98	10	
50	15	35
72	10	

PrimeSTAR Max DNA Polymerase 扩增产生的 PCR 产物为平末端,无法直接用于测序载体 pMD18-T 的连接,因此笔者利用 rTaq 能够在 PCR 产物末端连接碱基 A 的特性,对上述 PCR 产物进行平末端加 A 处理。PCR 反应体系如表 8-12 所示。

表 8-12　PCR 反应体系

试剂	体积/μL
ddH$_2$O	5.4
10×buffer	7
Mg^{2+}	3
dATP (2.5 mmol/L)	4
rTaq	0.6
上步 PCR 产物	50

将反应液置于 72 ℃温育 20 min,使 PCR 产物末端连接碱基 A。通过琼脂糖凝胶电泳分离纯化反应产物,并将目的扩增产物回收。琼脂糖凝胶回收利用琼脂糖凝胶回收试剂盒进行,具体步骤根据试剂盒操作手册进行。

(4)RACE 产物及 *LpMYB*1-*like* 基因的载体连接,大肠杆菌转化

将 RACE 产物、*LpMYB*1-*like* 基因(扩增片段末端已连接碱基 A)连接 pMD18-T simple 载体,以用于后续实验及分析。载体连接反应如表 8-13 所示。连接反应于 16 ℃进行 30 min,将连接产物用于大肠杆菌转化。

表 8-13　载体连接反应体系

试剂	体积/μL
pMD18-T simple 载体	1
插入片段	4
Solution Ⅰ	5

利用热激法将载体导入大肠杆菌感受态,从含有相应抗生素的 LB 平板上挑取分离良好的单菌落,放入 1 mL 含有 100 mg/L Amp 的 LB 液体培养基中,于 180 r/min 振荡培养 4~6 h,并进行 PCR 鉴定。

PCR 反应体系如表 8-14 所示。

表 8-14   PCR 反应体系

试剂	体积/μL
ddH₂O	5.6
10×buffer	1
Mg²⁺	0.6
dNTP (2.5 mmol/L)	0.8
MYB-F	0.4
MYB-R	0.4
菌液	1
rTaq	0.2

PCR 反应条件如表 8-15 所示。将 PCR 结果正确的菌液用于测序及序列分析。

表 8-15   PCR 反应条件

温度/℃	时间	循环数
94	3 min	1
94	10 s	
50	30 s	35
72	30 s	
72	10 min	1

（5）*LpMYB1-like* 基因序列分析

对 *LpMYB1-like* 基因的全序列进行生物信息学分析,具体分析过程如下。

利用 BLAST(NCBI)对 *LpMYB1-like* 基因进行同源比对。利用 ExPaSy 序列分析工具对 *LpMYB1-like* DNA 的 ORF 及编码氨基酸进行分析。利用 SMART 工具对 MYB 内部的保守结构域进行预测。利用 DNAstar 中的 Protean 对 *LpMYB1-like* 编码蛋白质二级结构进行预测。利用 SWISS-MODEL 对 *LpMYB1-like* 编码蛋白质三级结构进行预测。利用 MEGA 4.1 对 *LpMYB1-like* 编码氨基酸序列与其他同源序列进行比对,分析同源序列的进化关系,绘制进化树。

8.1.3.6　*LpMYB1-like* 反式激活活性分析

利用酵母单杂交的方法对 *LpMYB1-like* 的反式激活活性进行分析。

（1）载体构建

根据 *LpMYB1-like* 基因的全序列及结构预测结果,将该基因以 R3 DNA 结合域为界,分为 N 端序列(Nter)及 C 端序列(Cter),对相应序列进行 PCR 扩增(表 8-16)。

表 8-16　载体构建中目的片段扩增所用引物

引物名称	序列	用途
Nter-F	CGCCATATGATGGGGAGTACCATAGAATTTGTAA （含 *Nde* I 位点）	N 端序列及基因全长 扩增上游引物
Nter-R	CGCGGATCCTTTCTTGAAATGGGTCCTCCAATAA （含 *BamH* I 位点）	N 端序列扩增 下游引物
Cter-F	CGCCATATGAAGACTAAAAGCCCCTCTGATGCTG （含 *Nde* I 位点）	C 端序列扩增 上游引物
Cter-R	CGCGGATCCTTAACTGAAAGGAGAGACTAAATTG （含 *BamH* I 位点）	C 端序列及基因全长 扩增下游引物

根据表 8-17 配制反应液。

表 8-17   PCR 反应体系

试剂	体积/μL
ddH$_2$O	20
PrimeSTAR Max DNA Polymerase	25
上游引物	2
下游引物	2
模板	1
总体积	50

根据表 8-18 进行 PCR 反应。

表 8-18   PCR 反应条件

温度/℃	时间/s	循环数
98	10	
55	15	35
72	10	

通过琼脂糖凝胶电泳分离纯化反应产物,将目的扩增产物回收。琼脂糖凝胶回收利用琼脂糖凝胶回收试剂盒进行,具体步骤根据试剂盒操作手册进行。

利用 *BamH* I 及 *Nde* I 对载体 pGBKT7 进行双酶切,并于 30 ℃ 温育过夜后,将酶切片段分离纯化。双酶切反应体系如表 8-19 所示。

表 8-19   双酶切反应体系

试剂	体积/μl
Nde I	1
BamH I	1

续表

试剂	体积/μl
10×K buffer	2
pGBKT7	5
ddH$_2$O	补足至 20

利用 T4 连接酶将经过酶切的载体及 PCR 片段进行连接,从而构建载体 pGBKT7-MYB、pGBKT7-Nter 及 pGBKT7-Cter。连接反应体系如表 8-19 所示。混匀后于 16 ℃反应过夜。将构建好的载体转化入大肠杆菌 DH5α 后,挑取单克隆并提取质粒,从而完成载体的富集,为下一步酵母转化做准备。

表 8-20　连接反应体系

试剂	用量
DNA 片段	0. 3 pmol
载体片段	0. 03 pmol
10×T4 DNA Ligase buffer	1. 5 μL
T4 DNA Ligase	1. 5 μL
ddH$_2$O	补足至 15 μL

(2)酵母转化

利用 Yeastmaker Yeast Transformation System 2 进行构建载体的酵母转化,具体步骤根据试剂盒操作手册进行。

8.1.3.7　*LpMYB*1-*like* 的遗传转化

将 *LpMYB*1-*like* 基因连接载体 pRI201-AN,构建载体 pRI201-MYB,转入发根农杆菌 k599。利用 k599 侵染大豆品种垦丰 16 号子叶后产生的毛状根系统,对 *LpMYB*1-*like* 功能进行验证。

（1）载体构建

通过 PCR 对 *LpMY*1-*like* 全序列进行扩增，反应引物如下。

MYB-*Nde* I：CGC<u>CATATG</u>ATGGGGAGTACCATAGAATTTGTAA

（含 *Nde*I I 位点）

MYB-*Sal* I：CGC<u>GTCGAC</u>ACTGAAAGGAGAGACTAAATTGTGT

（含 *Sal* I 位点）

利用 *Sal* I 及 *Nde* I 对载体 pRI201-AN 进行双酶切，于 37 ℃ 温育过夜后，将酶切片段分离纯化。双酶切反应体系如表 8-21 所示。

表 8-21　双酶切反应体系

试剂	体积/μL
Nde I	1
Sal I	1
10×H buffer	2
pRI201-AN	5
ddH$_2$O	补足至 20

利用 T4 连接酶将经过酶切的载体及 PCR 片段进行连接，从而构建载体 pRI201-MYB。连接反应体系如表 8-22 所示。混匀后于 16 ℃ 反应过夜。将构建好的载体转化入大肠杆菌 DH5α 后，挑取单克隆并提取质粒，从而完成载体的富集，为下一步发根农杆菌的转化做准备。

表 8-22　连接反应体系

试剂	用量
DNA 片段	0.3 pmol
载体片段	0.03 pmol
10×T4 DNA Ligase buffer	1.5 μL

续表

试剂	用量
T4 DNA Ligase	1.5 μL
ddH$_2$O	补足至 15 μL

（2）发根农杆菌转化

利用 CaCl$_2$ 法制备发根农杆菌 k599 的感受态,利用冻融法将构建好的载体导入其中。

（3）大豆子叶的侵染及毛状根的发生

①挑取饱满、表面无斑且种皮无破裂的垦丰 16 号的种子,用自来水反复冲洗至水中无泡沫产生,用 75% 乙醇消毒 1 min。

②倒出乙醇后,加入 1 g/L 的漂白精溶液,于 4 ℃条件下消毒 45 min。

③无菌条件下,用无菌水冲洗大豆种子 2~3 遍,将种子晾干并接种于 MSB 培养基中,培养 3~5 d。控制培养条件:温度为 26 ℃,光照：黑暗 = 16 h : 8 h,光照强度为 60 μmol/（m^2·s）。

④待大豆下胚轴伸长后,取发育良好且子叶无破损的外植体,切除下胚轴及叶片。在子叶远轴心面且靠近胚轴生长部位处切一深至中轴但不穿破子叶的伤口。

⑤取转化的发根农杆菌 k599 于含有 50 mg/L 链霉素及 25 mg/L 卡那霉素的 YEB 液体培养基中扩繁至 OD$_{600}$ 为 0.5~0.6,离心收集菌体并用不含有机成分的 MS 无机盐溶液重悬,即侵染液。

⑥将子叶伤口面向上放置于用 MS 无机盐溶液浸润的无菌滤纸上,于伤口处滴加 20 μL 侵染液。

⑦将侵染的外植体于 28 ℃避光培养 3~5 d,恢复光照培养。

⑧侵染的伤口部位会发生明显的褐化现象,约一周后开始产生愈伤组织,并开始出现毛状根（图 8-1）。培养期间定期加入 MS 无机盐溶液,防止滤纸变干。待毛状根生长至 5~10 cm 后,将其从子叶上切下,用含有 100 mg/L 头孢霉素的无菌水清洗 3 遍后,将其放入 White 液体培养基中振荡培养,并用于后续实验。

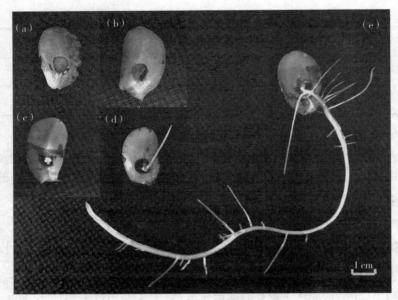

图 8-1   大豆毛状根发育

注:(a)为农杆菌侵染初期,(b)为农杆菌侵染部分褐化,(c)为农杆菌侵染部位
开始产生愈伤组织,(d)为农杆菌侵染部位开始产生毛状根,(e)为毛状根发育伸长。

(4)毛状根的 PEG 胁迫实验

分别将 pRI201-MYB、pRI201-AN 转化毛状根及未转化毛状根的根尖切段
至约 0.2 g,放入 White 液体培养基及含有 10% PEG 的 White 液体培养基中,于
26 ℃条件下 160 r/min 振荡培养,每周更换相应培养基。培养过程中每隔 5 d
将根从培养基中取出,吸干表面附着液体并称重,放回培养基中继续培养。

分别将 pRI201-MYB、pRI201-AN 转化毛状根及未转化毛状根的根尖切段
约 2.0 cm,放入 White 固体培养基及含有 10% PEG 的 White 固体培养基中,
26 ℃避光培养。培养过程中每隔 5 d 对毛状根长度进行测量。

8.2   结果与分析

8.2.1   SSH 文库的构建

笔者利用干旱胁迫 10 d 的处理组及对照组构建正向及反向文库。文库构

建后对文库质量进行检测,如图 8-2 所示:插入片段长度为 0.5~2.0 Kb,正向文库中平均插入片段长度为 1.0 Kb,反向文库中平均插入片段长度为 1.2 Kb;正向文库及反向文库中分别含有 $2.03×10^5$ 及 $2.1×10^5$ 个克隆。

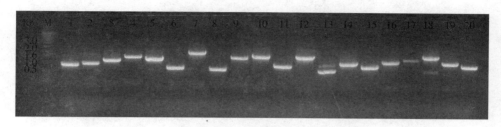

图 8-2　SSH 文库插入片段长度

注:多数插入片段为单一片段长度,少数为不同长度,M 为 marker;泳道 1~20
为 SSH 文库中 20 个单克隆中插入片段长度。

8.2.2　SSH 文库中阳性单克隆的筛选

8.2.2.1　杂交探针效率确定

对于 DIG 标记的杂交探针,利用点杂交方法对杂交探针效率进行验证,以确定 DIG 标记的 DNA 产量是否达到杂交的最佳浓度。如图 8-3 所示,当对照DNA 浓度稀释至 0.1 pg/μL 时,在杂交信号可见的条件下,制备的杂交探针在相同浓度下杂交信号亦可见,说明制备的用于反向文库杂交的探针浓度达到杂交所需探针浓度。

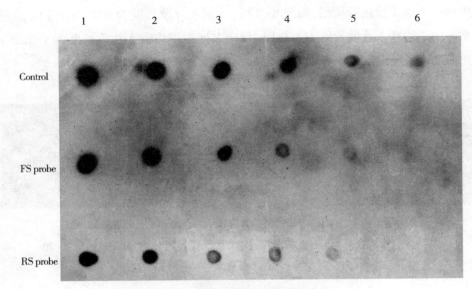

图 8-3　杂交探针效率确定

注:杂交信号浓度 1~6 依次为 10 pg/μL、3 pg/μL、1 pg/μL、0.3 pg/μL、0.1 pg/μL、0.03 pg/μL,FS probe 为用于正向文库杂交的探针,RS probe 为用于反向文库杂交的探针。

8.2.2.2　文库筛选

利用反式 northern 杂交技术对构建的 2 个 SSH 文库进行表达差异筛选,对杂交结果中正向文库菌落杂交信号强度至少高于反向文库 1.5 倍的序列进行测序分析,如图 8-4 所示,2 899 个单克隆中共有 1 525 个(正向文库中 774 个,反向文库中 751 个)信号差异达到设定阈值,并可以用于后续分析。

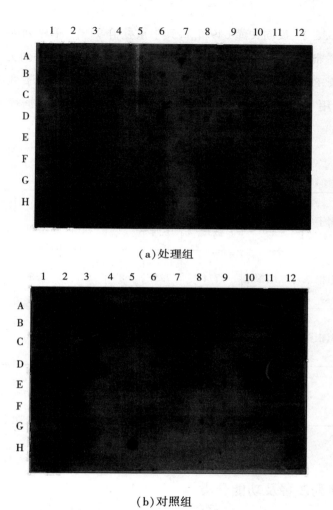

（a）处理组

（b）对照组

图 8-4　SSH 文库中插入 cDNA 菌落反式 northern 杂交结果

注：Actin（＊）为阳性对照，Bar（#）为阴性对照，箭头所示为用于测序分析的 cDNA 序列。

8.2.3　EST 序列分析

对 2 个文库中共计 1 525 个表达差异大于 1.5 倍的单克隆进行测序分析，去除序列中的载体序列、接头序列及 poly（A/T）序列，同时去除长度小于 100 bp 的序列，得到高质量 EST 序列 1 400 条（正向文库中 723 条，反向文库中 677 条），平均序列长度为 864 bp。将序列进行比对拼接，共得到唯一序列 1 287 个

（正向文库 638 个,反向文库 649 个）,其中重叠群 94 个,单序列为 1 193 个（表 8-23）。重叠群平均长度为 811 bp,每个重叠群包含的 EST 序列为 2~15 条,其中含有 2 条 EST 序列的重叠群占 64.3%,含有 3 条 EST 序列的重叠群占 19.1%。所用 EST 序列信息已提交 GenBank 的 dbEST 数据库（JZ150029 - JZ151480）。

表 8-23　干旱胁迫 SSH 文库序列信息

文库名称	检测子	驱动子	克隆数量	高质量序列	重叠群	单序列	唯一序列	单克隆说明
正向文库	处理组根系	对照组根系	774	723	68	570	638	上调基因
反向文库	对照组根系	处理组根系	751	677	26	623	649	下调基因
总计			1 525	1 400	94	1 193	1 287	差异表达基因

8.2.4　序列注释及功能分类

8.2.4.1　序列的 BLAST 分析及功能注释

笔者对 1 287 条 unigene 序列进行分析,如图 8-5 所示,250 条序列无 BLAST 结果,83 条序列无定位,138 条序列无注释,605 条序列属于生物过程类,685 条序列属于分子功能类,565 条序列属于细胞组分类。

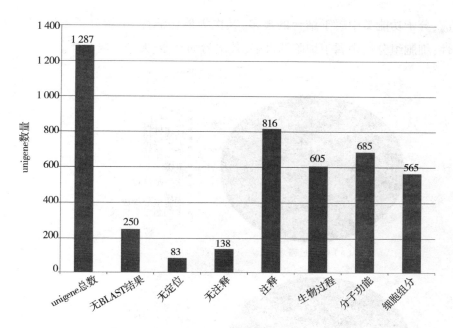

图 8-5 序列分析统计

如图 8-6 所示：存在 BLASTX 结果的 1 037 条序列与多个物种序列存在不同同源度，与 *Glycine max* 同源性最高，其次为 *Vitis vinifera*（6.4%）；扁豆中存在大量未知且与已知豆科植物同源性极低的 EST，可能由于数据库中相应物种的序列、蛋白功能信息匮乏等。

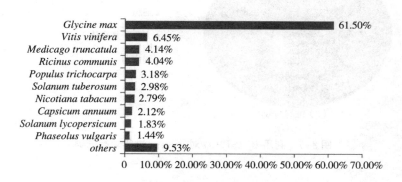

图 8-6 扁豆同其他物种同源性分布示意

如图 8-7 所示：生物过程类中属于代谢过程的最多，其次为细胞过程、应激响应;分子功能类中属于结合的最多,其次为催化活性、结构分子活性、转运体活性;细胞组分类中属于细胞的最多,其次为细胞器、大分子复合体。

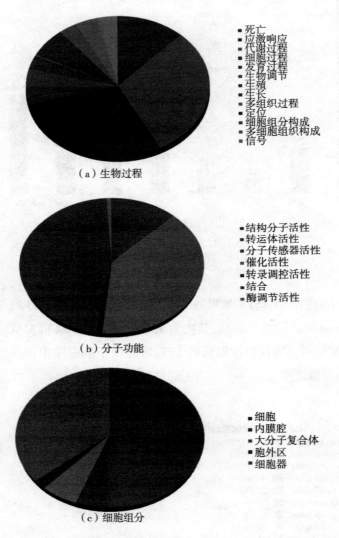

死亡
应激响应
代谢过程
细胞进程
发育过程
生物调节
生殖
生长
多组织过程
定位
细胞组分构成
多细胞组织构成
信号

（a）生物过程

结构分子活性
转运体活性
分子传感器活性
催化活性
转录调控活性
结合
酶调节活性

（b）分子功能

细胞
内膜腔
大分子复合体
胞外区
细胞器

（c）细胞组分

图 8-7　利用 BLAST2GO 对 unigene 进行功能分类

8.2.4.2　代谢支路分类

笔者对存在注释的 816 条序列进行 Enzyme Code mapping（EC）分析,发现

168 条序列(正向文库中 87 条,反向文库中 81 条)存在 EC 记录,共检索到 207 条 EC 记录(正向文库中 111 条,反向文库中 96 条);这些 EC 记录定位到 81 个不同的 KEGG pathway 中。文库中序列涉及的代谢支路分类如表 8-24 所示。

表 8-24 文库中序列涉及的代谢支路分类

代谢支路	序列数量
淀粉和蔗糖代谢	11
氮代谢	9
嘌呤代谢	9
苯丙氨酸代谢	6
氧化磷酸化	6
卟啉与叶绿素代谢	6
α-亚麻酸代谢	6
甘氨酸、丝氨酸和苏氨酸代谢	6
类固醇激素生物合成	6
苯丙烷生物合成	5
类黄酮生物合成	5
谷胱甘肽代谢	5
乙醛酸和二羧酸代谢	5
嘧啶代谢	5
丙酮酸代谢	4
氨基苯甲酸盐降解	4
糖酵解/糖新生	4
半胱氨酸和蛋氨酸代谢	4
萜类骨架生物合成	4

续表

代谢支路	序列数量
叶酸的一个碳库	4
肌醇磷酸盐代谢	4
细胞色素 P450 对外源性物质的代谢	3
药物代谢–细胞色素 P450	3
氨基酸和核苷酸糖代谢	3
甘油酯代谢	3
色氨酸代谢	3
药物代谢–其他酶	3
抗坏血酸和阿糖二酸代谢	3
酪氨酸代谢	3
磷脂酰肌醇信号系统	3
氰基氨基酸代谢	3
甘油磷脂代谢	3
光合生物的固碳作用	3
精氨酸和脯氨酸代谢	3
花生四烯酸代谢	3
甲烷代谢	2
戊糖和葡萄糖醛酸相互转化	2
泛醌和其他萜类醌生物合成	2
维生素 A 代谢	2
苯乙烯降解	2
脂肪酸代谢	2

续表

代谢支路	序列数量
鞘脂代谢	2
喏,哌啶和吡啶类生物碱生物合成	2
β-丙氨酸代谢	2
氨酰基 tRNA 生成合成	2
戊糖磷酸途径	2
咖啡因代谢	2
硫代谢	2
亚油酸代谢	2
脂肪酸生物合成	2
类固醇生物合成	2
维生素 B_1 代谢	1
N-聚糖生物合成	1
不同类型的 N-聚糖生物合成	1
氯乙烯和氯乙烯的降解	1
萘降解	1
脂肪酸代谢	1
核黄素代谢	1
芪类化合物,二芳基庚烷和姜酚生物合成	1
烟酸和烟酰胺代谢	1
糖鞘脂生物合成-内酯和新内酯系列	1
糖鞘脂生物合成-globo 系列	1
甜菜苷生物合成	1

续表

代谢支路	序列数量
吲哚生物碱生物合成	1
玉米素生物合成	1
倍半萜类和三萜生物合成	1
缬氨酸、亮氨酸和异亮氨酸降解	1
生物素代谢	1
原核生物中碳固定途径	1
牛磺酸和低牛磺酸代谢	1
不饱和脂肪酸生物合成	1
果糖和甘露糖代谢	1
半乳糖代谢	1
丙糖代谢	1
丙氨酸,天冬氨酸和谷氨酸代谢	1
脂肪酸伸长度	1
丁酸代谢	1
维生素 B_6 代谢	1
异喹啉生物碱生物合成	1
赖氨酸生物合成	1
苯丙氨酸,酪氨酸和色氨酸生物合成	1

8.2.5 SSH 文库数据 qPCR 验证

笔者随机挑取正向文库中表达存在差异的 10 条序列进行 qPCR 验证。干旱 10 d 后部分相应 unigene 的表达分析如图 8-8 所示。10 条序列中的 3 条为未知序列,分别为 M0306155(JZ150187)、M0306152(JZ150186)及 M0306081(JZ150162);7 条存在 BLASTX 结果,分别为 protein aig1-like(JZ150379)、PRKR interacting protein(JZ150202)、NFYB-like(JZ150176)、MYB transcription(JZ150356)、major latex-like protein(JZ150158)、Histidine-containing phosphotransfer(JZ150231)及 EIF 5a2(JZ150235)。干旱胁迫 10 d 后所选基因表达均上调,上调倍数为 2.32~155,其中 MYB transcription、M0306081、major latex-like protein 上调倍数较高,分别为 155 倍、92 倍及 84 倍;其次为 M0306155、NFYB-like、Histidine-containing phosphotransfer、M0306152、protein aig1-like、PRKR interacting protein、EIF 5a2,上调倍数分别为 7.65 倍、6.17 倍、4.29 倍、4.18 倍、3.12 倍、2.37 倍、2.32 倍。

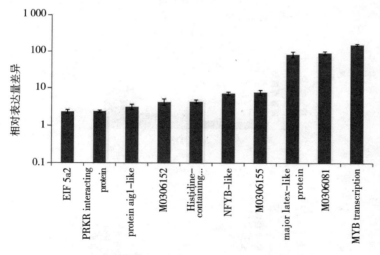

图 8-8　干旱 10 d 后部分相应 unigene 的表达分析

8.2.6　基因表达类型分类

笔者对文库中表达存在差异的基因在干旱处理 2 d、4 d、6 d、8 d、10 d 后表达差异情况进行分析,基因表达变化能够分为 3 种类型(图 8-9)。①随着胁迫程度的加深,基因表达程度逐步上调;干旱处理 2 d、4 d、6 d、8 d 时,表达上调较缓;干旱处理 10 d 时上调幅度变大,主要包括部分与细胞结构相关基因,如 glycine−rich protein（JZ150166）、M0306136 及 heme−binding protein 2−like（JZ150210）。②干旱处理 2 d、4 d、6 d 时,基因表达上调程度逐步加大;干旱处理 6 d 时上调倍数最高,干旱处理 8 d、10 d 时上调倍数逐步下降,主要包括具有催化活性及与核内调控相关的因子的编码基因,如 amidase（JZ150184）、NYFB−like 等。③干旱胁迫 8 d 时,表达上调程度最大,之后上调幅度下降,主要包括次生代谢相关酶及部分转录因子,如 MYB transcription 等。

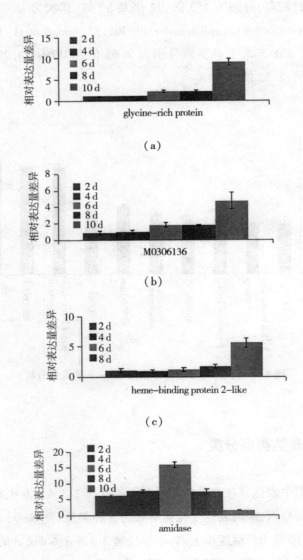

（a）

（b）

（c）

（d）

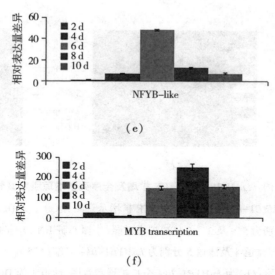

图 8-9　不同干旱胁迫时间特定 unigene 的表达分析

8.2.7　*LpMYB*1-*like* 基因克隆

8.2.7.1　*LpMYB*1-*like* 基因序列获得

笔者根据构建的 SSH 文库中获得的 *LpMYB*1-*like* EST 部分序列,分别设计 5'-及 3'-RACE 引物,对 *LpMYB*1-*like* 基因序列的 5' 端及 3' 端序列进行扩增。如图 8-10(a)所示,*LpMYB*1-*like* 基因 5' 端序列长度为 625 bp,3' 端序列长度为 640 bp。笔者之后根据 5' 端及 3' 端序列设计 *LpMYB*1-*like* 基因上下游引物,对该基因的全长进行扩增并对该基因全长进行测序,如图 8-10(b)所示,*LpMYB*1-*like* 基因总长度为 1 093 bp。

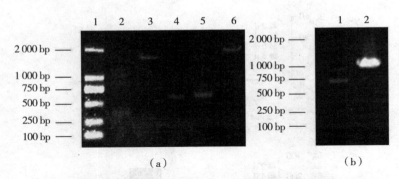

图 8-10　*LpMYB*1-*like* RACE 扩增及全序列扩增琼脂糖凝胶电泳

注:(a)为 *LpMYB*1-*like* 5'-及 3'-RACE 扩增示意图,泳道 1 为 DL2 000 marker,
泳道 3 及泳道 6 分别为 5'-及 3'-RACE 扩增对照(小鼠心脏 RNA 中扩增运铁蛋白受体 5'
端及 3'端序列),泳道 4 及泳道 5 分别为 *LpMYB*1-*like* 5'端(625 bp)及 3'端(640 bp)
RACE 扩增片段;(b)为 *LpMYB*1-*like* 全长扩增示意图,泳道 1 为 DL2 000 marker,
泳道 2 为 *LpMYB*1-*like* 全长(1 093 bp)。

8.2.7.2　*LpMYB*1-*like* 基因结构分析

笔者利用 RACE 技术获得 *LpMYB*1-*like* 5'端及 3'端序列信息后,对
*LpMYB*1-*like* 基因全长进行 PCR 扩增,如图 8-11 所示,*LpMYB*1-*like* 基因 cDNA
全长 1 093 bp。

```
   1   ACATGGGGAG TACCATAGAA TTTGTAAGAC AAACTTTACC AAAGAGGCAA
  51   CAACTTAGAA GGTTTTTTTG TATGTATTGG GGGGTTATGG CAGGAAACAT
 101   GGGGTGGGGT GTGATAGAGG AGGAGGGATG GAGGAAGGGT CCTTGGACTG
 151   CTGAAGAGGA CAGATTGCTC ATTCAGTATG TCAGGTTGCA TGGTGAAGGC
 201   AGATGGAACT CTGTTGCTAG GCTTGCAGGA CTGAAAAGAA ATGGAAAGAG
 251   CTGCAGACTG AGATGGGTGA ATTACCTGAG ACCTGACCTC AAGAAGGGTC
 301   AGATAACACC ACAAGAAGAA AGCATAATTC AAGAGCTGCA TGCTAGGTGG
 351   GGAAACAGGT GGTCAACAAT TGCAAGAAGC TTGCCAGGAA GAACTGACAA
 401   TGAGATCAAG AATTATTGGA GGACCCATTT CAAGAAAAAG ACTAAAAGCC
 451   CCTCTGATGC TGCTGAGAAA GCTAGAATCC GTTCCTCAAG GAGGCAGCAA
 501   TTTCAACAGC AGCAACTGCA GTTGAAGCAT CAGCAGCAGG TTCAGCAGCA
 551   GCAACAACAA TTCCAATTCA ACTTGGACAT AAAAGGGATC ATAAACTTGC
 601   TTGAAGAAAA TGACCATAGA GTCCCTTCTA CATCTCAAGA GACGCAAGAA
 651   ATGGTTAACA TGTATCCAAA TACTTCAGAG CAGCAGGGTT ACTTCTACTC
 701   TATGTTCAAT GTCAATGACA ATGTCTCAGC ACCAGAGTCC TCAAATGAAG
 751   AAATCCTGTG GGATGGACTG TGGAACTTGG ACGATGTTCT TTGCAATTTC
 801   AATGCAGCAA GTGCTACAAG CAAAGCTAGT TTACACAATT TAGTCTCTCC
 851   TTTCAGTTAA AGTTTTTATC TATTTAGCCT TGAAAACTGT TAGGAAGATT
 901   TGTACTACAA ATATGAGTCA CGGCTTGATA AGGCTCCTAA ACAAGGAGCA
 951   TAGAGTTAGG ATTAATTGTT TCTTAAAAGT GTGCAAGTCA GAGTAGTGAC
1001   TAGTGAGTGA TTTTCAGAAG GCGAGTTATT GTATAACCCC TTAATAAAGT
1051   GTCTCAATTT TGCTTAAAAA AAAAAAAAAA AAAAAAAAAA AAA
```

图 8-11　*LpMYB*1-*like* cDNA 序列

　　笔者对 *LpMYB*1-*like* 基因组 DNA 序列进行分析,如图 8-12 所示,*LpMYB*1-*like* 基因在基因组中的序列长度为 1 488 bp,存在 3 个外显子(分别位于 1～225 bp、516～646 bp、747～1 488 bp)及 2 个内含子(分别位于 226～515 bp 及 647～746 bp)。

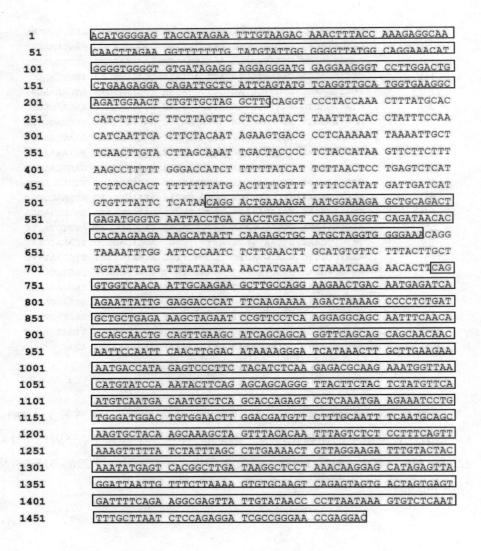

```
1     ACATGGGGAG TACCATAGAA TTTGTAAGAC AAACTTTACC AAAGAGGCAA
51    CAACTTAGAA GGTTTTTTTG TATGTATTGG GGGGTTATGG CAGGAAACAT
101   GGGGTGGGGT GTGATAGAGG AGGAGGGATG GAGGAAGGGT CCTTGGACTG
151   CTGAAGAGGA CAGATTGCTC ATTCAGTATG TCAGGTTGCA TGGTGAAGGC
201   AGATGGAACT CTGTTGCTAG GCTTGCAGGT CCCTACCAAA CTTTATGCAC
251   CATCTTTTGC TTCTTAGTTC CTCACATACT TAATTTACAC CTATTTCCAA
301   CATCAATTCA CTTCTACAAT AGAAGTGACG CCTCAAAAAT TAAAATTGCT
351   TCAACTTGTA CTTAGCAAAT TGACTACCCC TCTACCATAA GTTCTTCTTT
401   AAGCCTTTTT GGGACCATCT TTTTTATCAT TCTTAACTCC TGAGTCTCAT
451   TCTTCACACT TTTTTTTATG ACTTTGTTT TTTTCCATAT GATTGATCAT
501   GTGTTTATTC TCATAACAGG ACTGAAAAGA AATGGAAAGA GCTGCAGACT
551   GAGATGGGTG AATTACCTGA GACCTGACCT CAAGAAGGGT CAGATAACAC
601   CACAAGAAGA AGCATAATT CAAGAGCTGC ATGCTAGGTG GGGAAGCAGG
651   TAAAATTTGG ATTCCCAATC TCTTGAACTT GCATGTGTTC TTTACTTGCT
701   TGTATTTATG TTTATAATAA AACTATGAAT CTAAATCAAG AACACTTCAG
751   GTGGTCAACA ATTGCAAGAA GCTTGCCAGG AAGAACTGAC AATGAGATCA
801   AGAATTATTG GAGGACCCAT TTCAAGAAAA AGACTAAAAG CCCCTCTGAT
851   GCTGCTGAGA AAGCTAGAAT CCGTTCCTCA AGGAGGCAGC AATTTCAACA
901   GCAGCAACTG CAGTTGAAGC ATCAGCAGCA GGTTCAGCAG CAGCAACAAC
951   AATTCCAATT CAACTTGGAC ATAAAAGGGA TCATAAACTT GCTTGAAGAA
1001  AATGACCATA GAGTCCCTTC TACATCTCAA GAGACGCAAG AAATGGTTAA
1051  CATGTATCCA AATACTTCAG AGCAGCAGGG TTACTTCTAC TCTATGTTCA
1101  ATGTCAATGA CAATGTCTCA GCACCAGAGT CCTCAAATGA AGAAATCCTG
1151  TGGGATGGAC TGTGGAACTT GGACGATGTT CTTTGCAATT TCAATGCAGC
1201  AAGTGCTACA AGCAAAGCTA GTTACACAA TTTAGTCTCT CCTTTCAGTT
1251  AAAGTTTTTA TCTATTTAGC CTTGAAAACT GTTAGGAAGA TTTGTACTAC
1301  AAATATGAGT CACGGCTTGA TAAGGCTCCT AAACAAGGAG CATAGAGTTA
1351  GGATTAATTG TTTCTTAAAA GTGTGCAAGT CAGAGTAGTG ACTAGTGAGT
1401  GATTTTCAGA AGGCGAGTTA TTGTATAACC CCTTAATAAA GTGTCTCAAT
1451  TTTGCTTAAT CTCCAGAGGA TCGCCGGGAA CCGAGGAC
```

(a)

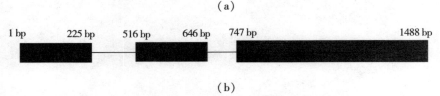

(b)

图 8-12 *LpMYB*1-*like* 基因组序列及内含子和外显子分析

注：(a)*LpMYB*1-*like* 基因组序列方框中为外显子序列,其余为内含子序列;

(b)实心方块代表外显子,横线代表内含子,数字表示外显子的起止碱基数。

如图 8-13 所示，*LpMYB*1-*like* 编码蛋白质由 285 个氨基酸构成。

```
  1      MGSTIEFVRQ TLPKRQQLRR FFCMYWGVMA GNMGWGVIEE EGWRKGPWTA
 51      EEDRLLIQYV RLHGEGRWNS VARLAGLKRN GKSCRLRWVN YLRPDLKKGQ
101      ITPQEESIIQ ELHARWGNRW STIARSLPGR TDNEIKNYWR THFKKKTKSP
151      SDAAEKARIR SSRRQQFQQQ QLQLKHQQQV QQQQQQFQFN LDIKGIINLL
201      EENDHRVPST SQETQEMVNM YPNTSEQQGY FYSMFNVNDN VSAPESSNEE
251      ILWDGLWNLD DVLCNFNAAS ATSKASLHNL VSPFS
```

图 8-13　*LpMYB*1-*like* 编码蛋白质的氨基酸序列

如图 8-14 所示，*LpMYB*1-*like* 基因为典型的 R2R3-MYB 结构。

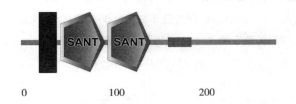

图 8-14　*LpMYB*1-*like* 编码蛋白质保守结构域预测

注：黑色区域为跨膜区，SANT 为 DNA 结合域，灰色为低复杂性区域。

如表 8-25 所示，21～38aa 处为跨膜区，44～94aa 及 97～145aa 为 MYB 保守结构域。

表 8-25　对 *LpMYB*1-*like* 编码蛋白质结构域的预测

名称	起始位点	终止位点	E-value
跨膜区	21	38	N/A
SANT	44	94	2.27×10^{-17}
SANT	97	145	2.17×10^{-14}

笔者对 *LpMYB*1-*like* 编码蛋白质的二级结构进行预测，如图 8-15 所示，二级结构主要包括 α-螺旋、β-折叠、转角及无规则卷曲 4 种结构。笔者对

*LpMYB*1-*like* 编码蛋白质高级结构进行预测,如图 8-16 所示,该蛋白质具有典型的 R2R3-MYB 结构。

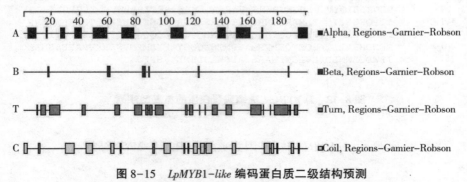

图 8-15 *LpMYB*1-*like* 编码蛋白质二级结构预测

注:黑色方块表示 α-螺旋区域,深灰色方块表示 β-折叠区域,浅灰色方块
表示转角区域,白色方块表示无规则卷曲区域。

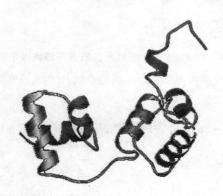

图 8-16 *LpMYB*1-*like* 编码蛋白质高级结构预测

笔者将 *LpMYB*1-*like* 编码蛋白质序列与其他同源序列进行比对,如图 8-17 所示:*LpMYB*1-*like* 编码蛋白质存在 2 个 DNA 结合域;每个结合域中存在 3 个保守的色氨酸(W)/异亮氨酸(I)残基,相互之间间隔 18~19 个氨基酸残基。

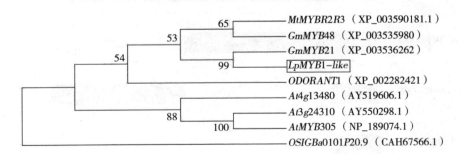

```
LpMYB1-like                      MYW-GVMAGNMGWG-VIEEEG---WRKGFTAEEDRLLIQYVRLHGEGRWNSVARLAGLKRNGKSCRLRWVNYLRPDLKKG
At4g13480, AY519606.1                  -----MVEEV---WRKGFTAEEDRLLIEYVRVHGEGRWNSVKLAGLKRNGKSCRLRWVNYLRPDLKRG
At3g24310, AY550298.1            MSLWGGMGG--GWG--MVEEG---WRKGFTAEEDRLLIDYVQLHGEGRWNSVARLAGLKRNGKSCRLRWVNYLRPDLKRG
AtMYB305, NP_189074.1            MSLWGGMGG--GWG--MVEEG---WRKGFTAEEDRLLIDYVQLHGEGRWNSVARLAGLKRNGKSCRLRWVNYLRPDLKRG
GmMYB21, XP_003536262            MYW-EVMAGNMGWG SVIIEEG---WRKGFSEEDRLLIQYVRFHGEGRWNSVARLAGLKRNGKSCRLRWVNYLRPDLKRG
GmMYB48, XP_003535980            MYWGVMAGNMGWG-VLEEEV---WRKGFTAEEDRLLVEYVRLHGEGRWNSVARLAGLKRNGKSCRLRWVNYLRPDLKRG
ODORANT1, XP_002282421           MSW-GMMAGHLGWG--IIEEG---WRKGFTAEEDRLLIDYVRLHGEGRWNSVARLAGLKRNGKSCRLRWVNYLRPDLKRG
MtMYBR2R3, XP_003590181.1        MYW-GVMAGNMGWG-VIEEG---WRKGFTAEEDRLLIDYVRLHGEGRWNSVARLAGLKRNGKSCRLRWVNYLRPDLKRG
OSIGBa0101P20.9, CAH67566.1      -MAAAEVQSAAGWRGLQQDGGG WRKGFTSQEDALLVEHVRQHGEGRWNSVSKLTGLKRSGKSCRLRWVNYLRPDLKRG
```

                                                      DNA binding domain

```
LpMYB1-like                      QIITPQEESIIQELHARWGNRWSTIARSLPGRTDNEIKNYWRTHFKKKTKSPSDAAEKARIRSSRRQQFQQQQLQLKHQ--
At4g13480, AY519606.1            QIITPHEESIILELHAKWGNRWSTIARSLPGRTDNEIKNYWRTHFKKKAKPTINNAEKIKSRLLKRQHFKEQRE------
At3g24310, AY550298.1            QIITPHEETIILELHAKWGNRWSTIARSLPGRTDNEIKNYWRTHFKKKTKSPTNSAEKTKNRILKRQQFQQQRQ------
AtMYB305, NP_189074.1            QIITPHEETIILELHAKWGNRWSTIARSLPGRTDNEIKNYWRTHFKKKTKSPTNSAEKTKNRILKRQQFQQQRQ------
GmMYB21, XP_003536262            HIITPQEESIILELHARWGNRWSTIARSLPGRTDNEIKNYWRTHFKKKAKSPSDAAEKARIRSSRRQQFQQQQQLKQQV
GmMYB48, XP_003535980            QIITPQEESIILELHARWGNRWSTIARSLPGRTDNEIKNYWRTHFKKKAKSPSDAAEKANRLMRKQQFHQQQQQQEQLQ
ODORANT1, XP_002282421           QIITPHEENIILELHARWGNRWSTIARSLPGRTDNEIKNYWRTHFKKKSPDKSEKAKTRLLRKQQFYQQQQQQ------
MtMYBR2R3, XP_003590181.1        QIITPQEESIILELHARWGNRWSTIARSLPGRTDNEIKNYWRTHFKKKAKNPFDAAEKANRFLRKQLFHQQQQQQ-----
OSIGBa0101P20.9, CAH67566.1      QIITPQEESIIVQELHARWGNRWSMFEENNSHRVPYISQARQEIFIN-MYPNTTEDQG--YFMLNGNS------
```

DNA binding domain

```
LpMYB1-like                      QQVQQQQQQFQN-LDIKGIINLLEEN-DHRVPSTSQETQEMVN-MYPNTSEQQGYFYSMFNVNDN-------VSAP
At4g13480, AY519606.1            IELQQEQQQLFQFDQLGMKKIISLLEENS------SSSSDGGGDVFYYPDQITHSSKPFGYNSNSLEEQLQGRFSPVNIP
At3g24310, AY550298.1            MELQQEQQLLFNQIDMKKIMSLLDDDNNNGDNTFSSSSGESGALYVPHQITHSTITGCEPNSNGYYP---VIPVTIP
AtMYB305, NP_189074.1            MELQQEQQLLFNQIDMKKIMSLLDDDNNNGDNTFSSSSGESGALYVPHQITHSTITGCEPNSNGYYP---VVPVTIP
GmMYB21, XP_003536262            QQQQQQQQFQN-FDMKGIMAMLEDN-NHRVPSISQEAQEMAS-MYPNTSEQQDYFYSMFDN--------NVSAP
GmMYB48, XP_003535980            QQHQAQQQQMQFN-FDMKGIMAMLEDN-IHRTPYISQSRQEMIN-MHQNTTEEQGYLYSMLNDNSS-------ASSAP
ODORANT1, XP_002282421           QQQQQQQQQLNQ-LDLKRIMALLDQFDIGDIP-MAQARQDLGSCIYSTHKAAEEHGYVHLPIPNA-------DVSTQ
MtMYBR2R3, XP_003590181.1        LQQQQQQQQVQFN-FDMKGIVMSMFEENNSHRVPYISQARQEIFIN-MYPNTTEDQG--YFMLNGNS-------SVP
OSIGBa0101P20.9, CAH67566.1      -QLQQPTLMPTPTPQSKDIIVAETGDARTDDDAGGAAAVAPSSSSSSLSMAGREAEDLIMHQDAMDD-------LMMCP
```

图 8-17　*LpMYB*1-*like* 编码蛋白质与其他同源序列比对结果

注：各序列注解前半部分为基因名称，后半部分为该基因在 GenBank 中的编号；方框中为保守的
　　色氨酸(W)/异亮氨酸(I)残基，横线所示为 2 个 DNA 结合域；★为 R2 及 R3 连接域(LRPD)。

　　如图 8-18 所示：*LpMYB*1-*like* 与大豆、蒺藜苜蓿等豆科植物的进化关系较
近，其中与 *GmMYB*21（XP_003536262）进化关系最近，其次为 *GmMYB*48（XP_
003535980）及 *MtMYBR*2*R*3（XP_003590181.1）；与拟南芥、水稻及葡萄的进化关系
较远，其中与水稻 *OSIGBa*0101*P*20.9（CAH67566.1）进化关系最远。

```
              ┌─ 65 ──── MtMYBR2R3 （XP_003590181.1）
        ┌─ 53 ┤
        │     └───────── GmMYB48 （XP_003535980）
   ┌─ 54┤
   │    │          ┌──── GmMYB21 （XP_003536262）
   │    │    ┌─ 99 ┤
   │    └────┤     └──── LpMYB1-like
   │         └───────── ODORANT1 （XP_002282421）
───┤
   │         ┌───────── At4g13480 （AY519606.1）
   │    ┌─ 88┤
   │    │    │     ┌──── At3g24310 （AY550298.1）
   └────┤    └─100┤
        │          └──── AtMYB305 （NP_189074.1）
        └────────────── OSIGBa0101P20.9 （CAH67566.1）
```

图 8-18　*LpMYB*1-*like* 及同源 MYB 序列进化树

注：括号外字母及数字代表基因的名称，括号内字母及数字代表该基因在 GenBank 中的
　　序列号，进化树上的数字代表进化距离。

8.2.8 *LpMYB1-like* 功能分析

8.2.8.1 *LpMYB1-like* 反式激活活性分析

笔者利用酵母单杂交的方法对 *LpMYB1-like* 反式激活活性进行分析,将 *LpMYB1-like* 基因序列按编码氨基酸序列中 R2R3 结构域的位置进行分割,N 端至包含 R2R3 结构域的序列部分为 N 端序列(Nter),余下序列部分为 C 端序列(Cter)。将 *LpMYB1-like*、Nter 及 Cter 序列分别连接载体 pGBKT7 后(图 8-19),经过 *BamH* I 及 *Nde* I 双酶切验证正确性后(图 8-22),转化酵母菌株 AH109。确认转化单克隆为阳性克隆后(图 8-20),对目的序列反式激活活性进行分析。

将 pGBKT7-MYB、pGBKT7-Nter 及 pGBKT7-Cter 转化单克隆分别置于缺少色氨酸(Trp)及缺少色氨酸(Trp)、腺嘌呤(Ade)和组氨酸(His)的 SD 培养基上培养,如图 8-21 所示,在缺少色氨酸、腺嘌呤和组氨酸的 SD 培养基中含有 *LpMYB1-like* 及 Cter 的克隆能够正常生长,但仅含有 Nter 的克隆无法正常生长;说明 *LpMYB1-like* 同已报道的其他 MYB 转录因子相似,存在转录激活活性,转录激活结构域位于富含酸性氨基酸的 C 端。

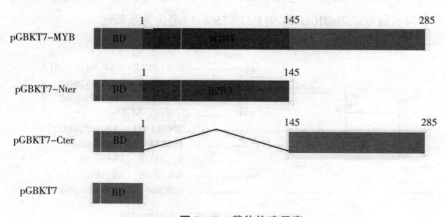

图 8-19　载体构建示意

注:BD 为 DNA 结合域,R2R3 为 MYB 因子的保守结构域,数字为氨基酸残基的数目。

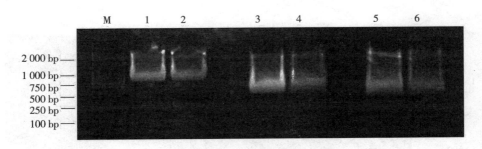

图 8-20　载体转化 AH109 后 PCR 验证

注:M 为 DL2 000 marker,泳道 1、3、5 分别为 pGBKT7-MYB、pGBKT7-Nter、pGBKT7-Cter
载体中插入片段条带,泳道 2、4、6 分别为 pGBKT7-MYB、pGBKT7-Nter、pGBKT7-Cter
转化 AH109 单克隆中目的片段。

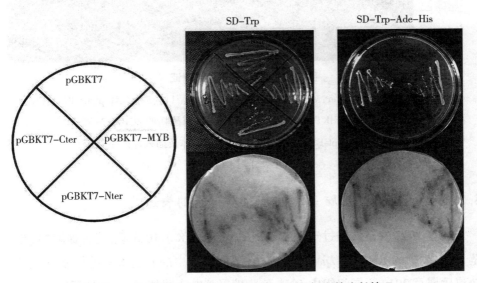

图 8-21　不同载体转化 AH109 在不同平板上的生长情况

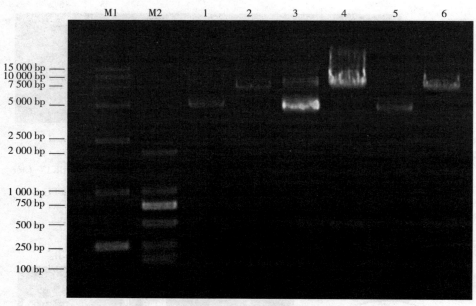

图 8-22　构建载体酶切验证

注:M1 为 DL15 000 marker,M2 为 DL2 000 marker,泳道 1、3、5 为载体 pGBKT7-MYB、

　　pGBKT7-Nter、pGBKT7-Cter;泳道 2、4、6 为经双酶切的 pGBKT7-MYB、

　　pGBKT7-Nter、pGBKT7-Cter,双酶切产生载体及插入片段 2 条带。

8.2.8.2　*LpMYB*1-*like* 基因在干旱胁迫下的表达

　　眉豆 2012 幼苗在经过干旱胁迫 2 d、4 d、6 d、8 d、10 d 后,笔者提取根、叶、茎、芽组织中的 RNA,对 *LpMYB*1-*like* 在不同组织中的表达水平进行分析,干旱胁迫后眉豆 2012 不同组织中 RNA 琼脂糖凝胶电泳图如图 8-23 所示。

　　如图 8-24 所示:随着干旱胁迫时间增加,根、叶及芽 *LpMYB*1-*like* 相对表达量均逐渐升高,至峰值后逐步下降;根 *LpMYB*1-*like* 相对表达量在干旱胁迫 8 d 时达到峰值;叶及芽 *LpMYB*1-*like* 相对表达量在干旱胁迫 6 d 时达到峰值;茎 *LpMYB*1-*like* 相对表达量未呈现规律性变化,存在 2 个峰值,分别为干旱胁迫 2 d、10 d 时。

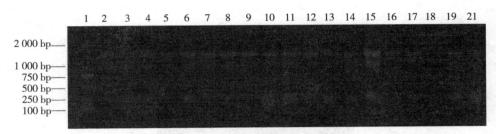

图 8-23　干旱胁迫后眉豆 2012 不同组织中 RNA 琼脂糖凝胶电泳图

注:泳道 1 为 DL2 000 marker,泳道 2~5 为干旱胁迫 2 d 根、叶、茎及芽 RNA,泳道 6~9 为干旱胁迫 4 d 根、叶、茎及芽 RNA,泳道 10~13 为干旱胁迫 6 d 根、叶、茎及芽 RNA,泳道 14~17 为干旱胁迫 8 d 根、叶、茎及芽 RNA,泳道 18~21 为干旱胁迫 10 d 根、叶、茎及芽 RNA。

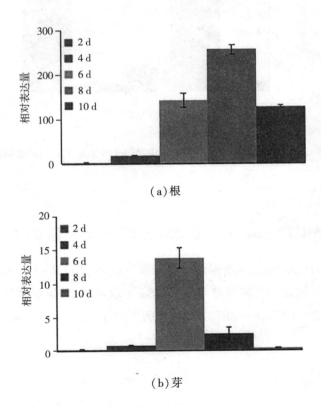

(a)根

(b)芽

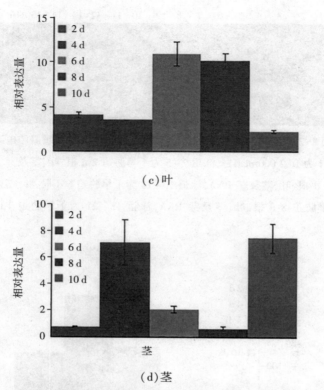

(c)叶

(d)茎

图 8-24　*LpMYB*1-*like* 在不同组织中受到干旱胁迫时的相对表达量

注:误差线表示 3 次重复的标准差。

8.2.8.3　*LpMYB*1-*like* 在转化大豆毛状根中的功能

将 *LpMYB*1-*like* 基因全序列连接植物表达载体 pRI201-AN,从而构建载体 pRI201-MYB。构建的载体通过 *Nde* I 及 *Sal* I 双酶切后,能够产生载体及插入片段 2 条带,说明构建载体 pRI201-MYB 的正确性。载体 pRI201-MYB 酶切如图 8-25 所示。

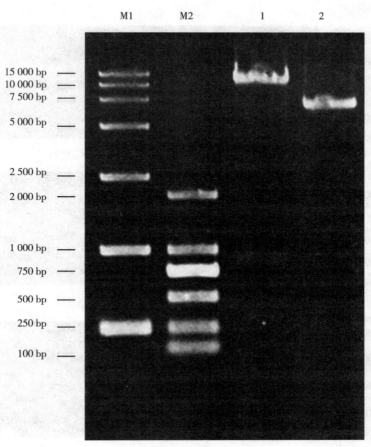

图 8-25　载体 pRI201-MYB 酶切

注：M1 为 DL15 000 marker，M2 为 DL2 000 marker，泳道 1 为经双酶切的
pRI201-MYB，泳道 2 为载体 pRI201-MYB。

　　将载体 pRI201-MYB 通过发根农杆菌 k599 转化进入大豆品种垦丰 16 号的毛状根中，并从产生的毛状根中挑选转化阳性个体。转化毛状根 PCR 检测如图 8-26 所示。

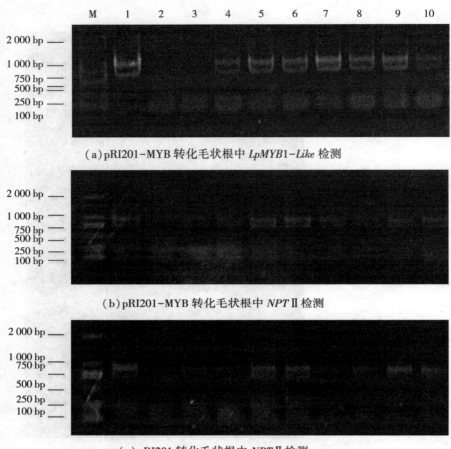

（a）pRI201-MYB 转化毛状根中 *LpMYB*1-*Like* 检测

（b）pRI201-MYB 转化毛状根中 *NPT*Ⅱ检测

（c）pRI201 转化毛状根中 *NPT*Ⅱ检测

图 8-26　转化毛状根 PCR 检测

注：（a）M 为 DL2 000 marker，泳道 1 为 pRI201-MYB 质粒中 *LpMYB*1-*like* 片段，泳道 2 为未转化毛状根中 *LpMYB*1-*like* 检测结果，泳道 3 为 pRI201 转化毛状根中 *LpMYB*1-*like* 检测结果，泳道 4~10 为 pRI201-MYB 转化毛状根中 *LpMYB*1-*like* 检测结果；（b）M 为 DL2 000 marker，泳道 1 为 pRI201-MYB 质粒中 *NPT* Ⅱ片段，泳道 2 为未转化毛状根中 *NPT* Ⅱ检测结果；泳道 3 为 pRI201 转化毛状根中 *NPT* Ⅱ检测结果，泳道 4~10 为 pRI201-MYB 转化毛状根中 *NPT* Ⅱ检测结果；（c）M 为 DL2 000 marker，泳道 1 为 pRI201 质粒中 *NPT* Ⅱ片段，泳道 2 为未转化毛状根中 *NPT* Ⅱ检测结果；泳道 3~10 为 pRI201 转化毛状根中 *NPT* Ⅱ检测结果。

　　笔者利用 PEG 6000 对毛状根进行胁迫处理,以模拟植物根系在自然条件下受到的干旱胁迫反应,如图 8-27 所示:当毛状根未受胁迫时,与未转化根系相比,转化根系长度及鲜重的增长速度差异不显著;当受到干旱胁迫时,转化根系及未转化根系长度及鲜重的增长速度均低于未受胁迫条件下;干旱胁迫条件下,转化根系长度及鲜重增长速率均显著高于未转化根系,表现出对 PEG 胁迫具有抗性。

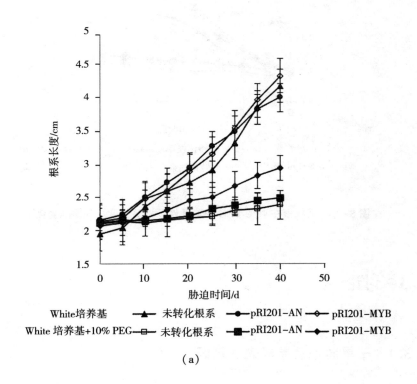

(a)

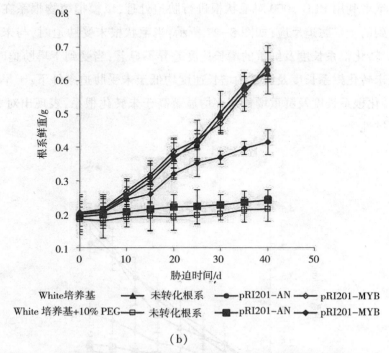

（b）

图 8-27　毛状根在 10% PEG 胁迫条件下根系长度及鲜重的变化情况

8.3　讨论

8.3.1　干旱胁迫及差异表达基因

　　干旱对植物营养生长及生殖生长具有重要影响。前人关于干旱对植物生长影响的研究主要集中在苗期干旱及末期干旱阶段。

　　苗期干旱主要影响植物营养生长，对植物后续的生长发育有重要影响。有学者对苗期干旱处理的海棠果叶片进行研究，结果表明，富含甘氨酸的 RNA 结合蛋白（GR-RBP）在植株抗旱过程中发挥重要作用。研究表明，在水稻中过表达 *OsRDCP*1 可以提高水稻苗期对干旱的抗性。有学者在鹰嘴豆苗期干旱的叶片中发现一个全新的 *NAC* 家族基因，*CarNAC*1 在植株发育及对多种逆境胁迫响应中发挥重要作用。有学者从生理指标方面研究扁豆对苗期干旱的特异性及非特异性反应,结果表明,在干旱胁迫条件下,扁豆叶片 CAT 含量减少,过氧化物酶及 GR 含量增加。笔者利用 SSH 文库,从转录水平研究了扁豆对苗期干旱的响应,并综合分析了涉及的代谢过程。

末期干旱通常是植物开花结荚时期所遇的干旱,对作物产量影响较大。研究表明,植株根系密度及根系干物质总量与干旱抗性正相关。有学者对鹰嘴豆不同品种末期干旱条件下 EST 进行比较,找到大量表达上调及下调的基因,这说明植物对干旱胁迫的响应在不同生长阶段各不相同。笔者重点分析了扁豆苗期对干旱胁迫的响应,旨在找到对抗干旱胁迫的关键基因。

在植物对干旱胁迫响应的研究中,干旱处理常采用根系暴露空气风干、PEG 处理、土壤自然干旱、逐级干旱等方法。根系暴露空气风干、PEG 处理是人为模拟干旱条件,植株表现通常与自然干旱条件下不一致,PEG 处理会造成植株根系缺氧等,根系暴露空气风干会造成急剧干旱。因此,这 2 种方法不适宜作为长期干旱处理方法。逐级干旱方法可以控制单位时间内植株失水量,使植物能够逐渐受到干旱胁迫并做出反应;逐级干旱方法所需时间长,不适用于苗期干旱处理。土壤自然干旱最大程度上模拟了自然条件下植株所受干旱胁迫的情况,能较好反映植株对干旱的响应。笔者对萌发 10 d 的扁豆幼苗进行连续 10 d 的土壤自然干旱处理,最大程度还原了植株自然条件下的干旱胁迫反应。

8.3.2　利用 SSH 文库研究植物对非生物胁迫的响应

SSH 文库能够全面分析不同条件下不同组织中基因的表达差异,对理解基因的表达调控原理、寻找全新基因、发掘基因新功能具有重要作用。SSH 文库已广泛应用于植物生长发育、抗逆境胁迫等研究。

有学者在油菜种子发育研究中利用 SSH 文库寻找到 2 个与种子发育、蛋白质及油脂代谢相关的新基因;有学者对黄瓜体细胞胚发育过程进行研究,发现 2 个相关的转录因子。

有学者利用 SSH 文库研究黑松对松材线虫的抗性过程,发现了若干病程相关蛋白质的特异性表达情况。有学者对线虫侵染抗感花生品种进行比较研究,全面了解花生根结形成过程中相关基因的上调表达情况。

有学者研究了盐离子胁迫情况下陆地棉中表达上调的基因,构建了盐胁迫响应基因之间的互作网络模型。有学者对玉米幼苗在水浸条件下的 SSH 文库进行研究,结果表明,玉米对水涝胁迫的响应主要集中在水涝初期及末期 2 个阶段。笔者利用 SSH 文库研究扁豆对干旱胁迫的响应过程,发现了大量相关的全新 EST 序列。

8.3.3 对干旱胁迫响应基因的研究

植物对干旱胁迫的抗性是复杂的生理生化过程,涉及植物体内多项代谢及合成途径。苯丙氨酸代谢及黄酮合成过程在植物对多种生物及非生物胁迫抗性中具有重要作用;当植物遭受干旱、盐离子胁迫及机械损伤时,苯丙氨酸解氨酶活性升高,苯丙氨酸、酪氨酸等氨基酸含量增加。黄酮类化合物是次生代谢物质,在多种逆境胁迫条件下发挥作用;干旱条件下,植物体内叶绿素含量下降,黄酮类物质含量上升。据报道,大量在 GO 功能分类中属于细胞组分的基因在植株适应干旱方面具有重要作用。研究表明,编码定位于细胞壁的富含甘氨酸蛋白的基因 *BhGRP*1 对细胞壁在细胞脱水及重新吸水过程中功能及形态的维持具有重要作用,定位于细胞膜的血红素结合蛋白 TSPO 能够在干旱条件下消除卟啉对植物细胞的损害。

笔者认为,扁豆中存在大量未知且与已知豆科植物同源性极低的 EST 序列,这可能由于数据库中相应物种的序列、蛋白功能信息匮乏等。

笔者通过 KEGG 代谢通路分析,发现大量与植物受到干旱胁迫时生理指标变化相关的代谢通路及相关酶编码基因序列,包括与植物根系生长发育相关的激素合成及代谢途径、与植物抗氧化相关的维生素合成及代谢途径、与植物细胞渗透压调节相关的可溶性糖及小分子氨基酸合成及代谢途径。有研究表明:生长素合成及运输对植物根系生长发育有重要作用;其他激素与生长素能够发生互作,形成调控网络协同控制根系生长。当植物受到胁迫时,体内 ROS 水平提高,相关维生素的合成能够有效分解 ROS,故植物体内维生素发挥着抗氧化第一道防线的作用。研究表明,植物为了应对外界干旱,会导致水势升高,体内会合成可溶性糖及小分子物质以调节自身细胞内的水势。

8.3.4　转录因子及目的基因的相互作用

　　MYB 转录因子是真核生物中广泛存在的转录因子家族,它能够与由约 50 个氨基酸残基组成的 MYB 结合域作用,从而调节植物生长发育。研究表明,大豆中 GmMYB76、GmMYB92、GmMYB177 与逆境胁迫响应相关。小麦中转录产物在 ABA、茉莉酸、盐离子、干旱等处理下积累,说明 TaMYB3R1 在小麦抗逆境过程中发挥重要作用。有学者土豆中新发现了 R1 类型的 MYB 因子 StMYB1R-1,能够增强抗旱相关基因 *AtHB*-7、*RD*28、*ALDH*22*a*1、*ERD*1-*like* 等的表达。

　　苯丙氨酸及黄酮类代谢途径在植物对逆境胁迫响应过程中发挥重要作用,该途经中关键基因表达受 MYB 转录因子调控。水稻中 Osmyb4 能够调控苯丙烷类代谢过程中关键基因 *PAL*、*C4H*、4*CL*1、4*CL*2 的表达。研究表明,在矮牵牛中 PhMYB4 在花组织器官中含量较高,导致 *C4H* 高表达,从而促进花青素的合成。

8.3.5　*LpMYB*1-*like* 结构特征

　　R2R3-MYB 转录因子在双子叶植物、单子叶植物及藻类中广泛存在。研究人员在拟南芥中发现了 126 个 R2R3-MYB,在杨树、水稻、小麦及葡萄中分别发现了 192 个、88 个、22 个及 108 个 R2R3-MYB,有的与拟南芥中的 MYB 存在同源关系。

　　MYB 转录因子每个保守结构域一般都存在 3 个色氨酸残基(W),并且相互之间相隔 19 个氨基酸残基。R3 区的第 1 个色氨酸有时会被脯氨酸(F)、亮氨酸(L)或异亮氨酸(I)替代。研究表明,在大麦中脯氨酸的替代率约为 70%,亮氨酸的替代率约为 6%,异亮氨酸的替代率约为 4%。这种氨基酸残基的替换并不会改变 MYB 因子核心区域的空间构象,但能够使细胞过程产生功能分化。笔者对 *LpMYB*1-*like* 编码的氨基酸序列进行分析,研究表明,在 R3 区同样存在第 1 个色氨酸替换为异亮氨酸的现象,推测这种替换能够使 *LpMYB*1-*like* 具有额外的特殊功能。

　　有研究表明,在拟南芥及大麦的 MYB 转录因子的 R2 及 R3 区域之间存在保守的 LRPD 结构域,用于连接 R2 及 R3 区段,相当于动物 MYB 中的 LNPE。笔者认为,*LpMYB*1-*like* 编码氨基酸的 R2 及 R3 区段之间亦存在这样的 LRPD 结构域,用于连接 R2 及 R3 区段。

8.3.6 *LpMYB*1-*like* 与干旱抗性的关系

R2R3-MYB 转录因子主要与植物的生长代谢相关。研究表明,水稻 *Os-MYB*4 在抗生物及非生物胁迫过程中具有重要作用,并且 *OsMYB*4 过表达对不同品种水稻的抗性提高程度不同。有学者对转水稻 *Jamyb* 基因的拟南芥进行研究,结果表明,该基因能够提高拟南芥对氧化胁迫的抗性,并参与茉莉酸信号途径的调节。笔者对眉豆 2012 进行不同程度的干旱胁迫,对 *LpMYB*1-*like* 的表达水平进行分析,结果表明:随着干旱胁迫时间的增加,根、叶、芽 *LpMYB*1-*like* 相对表达量逐渐升高,至峰值后逐步下降;芽对干旱胁迫更为敏感,故先于根出现 *LpMYB*1-*like* 相对表达量峰值。笔者推测扁豆中存在另一套干旱抗性系统,并能够反馈抑制 *LpMYB*1-*like* 的表达。

笔者利用 PEG 6000 处理毛状根,发现转化根系对干旱胁迫的抗性显著高于未转化根系。有学者在西瓜中利用毛状根研究干旱抗性,结果表明,抗旱根系的鲜重增长速率显著高于不抗旱根系。

参考文献

[1]郑卓杰.中国食用豆类学[M].北京:中国农业出版社,1997.

[2]苏彩霞,栾春荣,王彪,等.扁豆品种志(南方本)[M].北京:化学工业出版社,2022.

[3]沈奇,王显生,高文瑞,等.扁豆的研究概况[J].金陵科技学院学报,2012,28(2):72-77.

[4]魏蓉城,晏一祥,曾江海.滇西北豆类资源初步考察报告[J].云南大学学报(自然科学版),1982(2):90-98.

[5]李晓平,胡明文.黔南山区豆类蔬菜资源[J].贵州农业科学,1995(6):47-49.

[6]覃初贤,陆平,王一平.桂西山区食用豆类种质资源考察[J].广西农业科学,1996(1):26-28.

[7]徐向上,滕有德,陈学群.川东北及川西南扁豆种质资源的考察鉴定[J].作物品种资源,1996(3):20-21.

[8]曲士松,梁铭.山东省扁豆种质资源的观察与利用[J].山东农业科学,1997(1):22.

[9]张晓艳,刘剑锋,耿立威,等.吉林省扁豆品种花粉形态观察[J].吉林农业大学学报,2007,29(4):398-401.

[10]黄三文,王晓武,张宝玺,等.蔬菜作物分子标记研究进展与我国的发展策略[J].中国蔬菜,1999(1):50-53.

[11]吴为人,李维明,卢浩然.基于最小二乘估计的数量性状基因座的复合区间定位法[J].福建农业大学学报,1996,25(4):394-399.

[12]林鸿宣,庄杰云,钱惠荣,等.水稻株高及其构成因素数量性状基因座位的分子标记定位[J].作物学报,1996,22(3):257-263.

[13]刘胜男,张华,柳絮,等.水稻株高和产量相关性状的QTL定位[J].山东农业科学,2015,47(4):8-12.

[14]游明安,盖钧镒.大豆花序性状的研究现状[J].中国油料,1995,17(1):74-77.

[15]田宗城,王树耀,王文龙,等.扁豆种质资源多样性的研究[J].海南大学学报,2005,23(1):53-60.

[16]王林晓.基于InDels分子标记的扁豆遗传多样性分析[D].郑州:河南工业

大学,2016.

[17]席在星,唐慧.湘扁豆系列 RAPD 指纹图谱的构建[J].湖南文理学院学报, 2006,18(2):48-50,54.

[18]刘朝晖,邵宁生.核定位信号的研究进展[J].军事医学科学院院刊,2003, 27(3):216-219.

[19]方宣钧,黄育民,陈启锋,等.若干水稻品种(组合)的等位酶和 RAPD 遗传 分析[J].中国农业科学,1999,32(2):112.

[20]严建兵,汤华,黄益勤,等.玉米 F₂ 群体分子标记偏分离的遗传分析[J].遗 传学报,2003,30(10):913-918.

[21]陈万胜,王元英,罗成刚.利用正交设计优化烟草 SRAP 反应体系[J].分子 植物育种,2008,6(1):177-182.

[22]王振国,张海英,于广建,等.黄瓜 SRAP 反应体系的正交设计优化[J].华 北农学报,2007,22(4):112-115.

[23]SHARMA K K, LAVANYA M. Recent developments in transgenics for abiotic stress in legumes of the semi-arid tropics[J]. JIRCAS Working Report,2002 (23):61-73.

[24]WERY J,SILIM S N,KNIGHTS E J,et al. Screening techniques and sources of tolerance to extremes of moisture and air temperature in cool season food legumes[J]. Euphytica,1994,73:73-83.

[25]RICHARDS R A. Physiological traits used in the breeding of new cultivars for water-scarce environments[J]. Agricultural Water Management,2006,80(1- 3):197-211.

[26]TURNER N C,WRIGHT G C,SIDDIQUE K H M. Adaptation of grain legumes (pulses) to water-limited environments[J]. Advances in Agronomy,2001,71: 193-231.

[27]GRZESIAK S,IIJIMA M,KONO Y,et al. Differences in drought tolerance between cultivars of field bean and field pea. Morphological characteristics, germination and seedling growth [J]. Acta Physiologiae Plantarum, 1997, 19: 339-348.

[28]RICCIARDI L,POLIGNANO G B,DE GIOVANNI C. Genotypic response of fa-

ba bean to water stress[J]. Euphytica,2001,118:39-46.

[29]NERKAR Y S,WILSON D,LAWES D A. Genetic variation in stomatal charac-teristics and behaviour,water use and growth of five *Vicia faba* L. genotypes under contrasting soil moisture regimes[J]. Euphytica,1981,30:335-345.

[30]KHAN H U R,LINK W,HOCKING T J,et al. Evaluation of physiological traits for improving drought tolerance in faba bean(*Vicia faba* L.)[J]. Plant and Soil,2007,292:205-217.

[31]ZHANG J Y,BROECKLING C D,BLANCAFLOR E B,et al. Overexpression of *WXP*1,a putative *Medicago truncatula* AP2 domain – containing transcription factor gene,increases cuticular wax accumulation and enhances drought toler-ance in transgenic alfalfa(*Medicago sativa*)[J]. The Plant Journal,2005,42 (5):689-707.

[32]KIM K S,PARK S H,KIM D K,et al. Influence of water deficit on leaf cuticu-lar waxes of soybean(*Glycine max* [L.] Merr.)[J]. International Journal of Plant Sciences,2007,168(3):307-316.

[33]RISTIC Z,JENKS M A. Leaf cuticle and water loss in maize lines differing in dehydration avoidance [J]. Journal of Plant Physiology, 2002, 159 (6): 645-651.

[34]PASSIOURA J. The drought environment:physical,biological and agricultural perspectives [J]. Journal of Experimental Botany,2007,58(2):113-117.

[35]SINCLAIR T R,MUCHOW R C. System analysis of plant traits to increase grain yield on limited water supplies[J]. Agronomy Journal,2001,93(2):263-270.

[36]SERRAJ R, KRISHNAMURTHY L, KASHIWAGI J, et al. Variation in root traits of chickpea (*Cicer arietinum* L.) grown under terminal drought[J]. Field Crops Research,2004,88(2-3):115-127.

[37]HO M D,ROSAS J C,BROWN K M,et al. Root architectural tradeoffs for water and phosphorus acquisition [J]. Functional Plant Biology, 2005, 32 (8): 737-748.

[38]KASHIWAGI J, KRISHNAMURTHY L, GAUR P M, et al. Estimation of gene effects of the drought avoidance root characteristics in chickpea(*C. arietinum*

L.)[J]. Field Crops Research,2008,105(1-2):64-69.

[39]BRUCE W B,EDMEADES G O,BARKER T C. Molecular and physiological approaches to maize improvement for drought tolerance[J]. Journal of Experimental Botany,2002,53(366):13-25.

[40]NIELSEN K L,ESHEL A,LYNCH J P. The effect of phosphorus availability on the carbon economy of contrasting common bean(*Phaseolus vulgaris* L.) genotypes[J]. Journal of Experimental Botany,2001,52(355):329-339.

[41]SEKI M,UMEZAWA T,URANO K,et al. Regulatory metabolic networks in drought stress responses[J]. Current Opinion in Plant Biology,2007,10(3):296-302.

[42]LINK W,BALKO C,STODDARD F L. Winter hardiness in faba bean:physiology and breeding[J]. Field Crops Research,2010,115(3):287-296.

[43]MORGAN J M. Osmoregulation and water stress in higher plants[J]. Annual Review of Plant Physiology,1984,35:299-319.

[44]AMEDE T,KITTLITZ E V,SCHUBERT S. Differential drought responses of faba bean (*Vicia faba* L.) inbred lines[J]. Journal of Agronomy and Crop Science,1999,183(1):35-45.

[45]CADENAS E. Biochemistry of oxygen toxicity[J]. Annual Review of Biochemistry,1989,58:79-110.

[46]ZLATEV Z S,LIDON F C,RAMALHO J C,et al. Comparison of resistance to drought of three bean cultivars[J]. Biologia Plantarum,2006,50:389-394.

[47]KUMAR J,ABBO S. Genetics of flowering time in chickpea and its bearing on productivity in semiarid environments[J]. Advances in Agronomy,2001,72:107-138.

[48]LOSS S P,SIDDIQUE K H M,TENNANT D. Adaptation of faba bean(*Vicia faba* L.) to dryland Mediterranean-type environments Ⅲ. Water use and water-use efficiency[J]. Field Crops Research,1997,54(2-3):153-162.

[49]WILLIAMS J G K,KUBELIK A R,LIVAK K J,et al. DNA polymorphisms amplified by arbitrary primers are useful as genetic markers[J]. Nucleic Acids Research,1990,18(22):6531-6535.

[50] PARAN I, MICHELMORE R W. Development of reliable PCR-based markers linked to downy mildew resistance genes in lettuce[J]. Theoretical and Applied Genetics, 1993, 85:985-993.

[51] KONIECZNY A, AUSUBEL F M. A procedure for mapping *Arabidopsis* mutations using co-dominant ecotype-specific PCR-based markers[J]. The Plant Journal, 1993, 4(2):403-410.

[52] LI G, QUIROS C F. Sequence-related amplified polymorphism (SRAP), a new marker system based on a simple PCR reaction: its application to mapping and gene tagging in Brassica[J]. Theoretical and Applied Genetics, 2001, 103: 455-461.

[53] LIN X Y, KAUL S, ROUNSLEY S, et al. Sequence and analysis of chromosome 2 of the plant *Arabidopsis thaliana*[J]. Nature, 1999, 402:761-768.

[54] COPENHAVER G P, NICKEL K, KUROMORI T, et al. Genetic definition and sequence analysis of *Arabidopsis* centromeres[J]. Science, 1999, 286(5449): 2468-2474.

[55] QUIROS C F, GRELLET F, SADOWSKI J, et al. *Arabidopsis* and brassica comparative genomics: sequence, structure and gene content in the *ABI*1-*Rps*2-*Ck*1 chromosomal segment and related regions [J]. Genetics, 2001, 157(3): 1321-1330.

[56] SATO K, MUKAINARI Y, NAITO K, et al. Construction of a foxtail millet linkage map and mapping of *spikelet-tipped bristles* 1 (*stb*1) by using transposon display markers and simple sequence repeat markers with genome sequence information[J]. Molecular Breeding, 2013, 31:675-684.

[57] PARK J, BANG H, CHO D Y, et al. Construction of high-resolution linkage map of the *Ms* locus, a restorer-of-fertility gene in onion(*Allium cepa* L.)[J]. Euphytica, 2013, 192:267-278.

[58] TANIGUCHI F, FURUKAWA K, OTA-METOKU S, et al. Construction of a high-density reference linkage map of tea(*Camellia sinensis*) [J]. Breeding Science, 2012, 62:263-273.

[59] ZHANG D, CHENG H, HU Z B, et al. Fine mapping of a major flowering time

QTL on soybean chromosome 6 combining linkage and association analysis[J]. Euphytica,2013,191:23-33.

[60]PAN X H,ZHANG Q J,YAN W G,et al. Development of genetic markers linked to straighthead resistance through fine mapping in rice (*Oryza sativa* L.)[J]. Plos One,2012,7(12):e52540.

[61]RUBTSOVA M,GNAD H,MELZER M,et al. The auxins centrophenoxine and 2,4-D differ in their effects on non-directly induced chromosome doubling in anther culture of wheat(*T. aestivum* L.)[J]. Plant Biotechnology Reports,2013,7:247-255.

[62]ISIDRO J,KNOX R,CLARKE F,et al. Quantitative genetic analysis and mapping of leaf angle in durum wheat[J]. Planta,2012,236:1713-1723.

[63]LIU X L,LI R Z,CHANG X P,et al. Mapping QTLs for seedling root traits in a doubled haploid wheat population under different water regimes[J]. Euphytica,2013,189:51-66.

[64]DALY J M,LUDDEN P,SEEVERS P. Biochemical comparisons of resistance to wheat stem rust disease controlled by the Sr6 or Sr11 alleles[J]. Physiological Plant Pathology,1971,1(4):397-407.

[65]BALKUNDE S,LE H L,LEE H S,et al. Fine mapping of a QTL for the number of spikelets per panicle by using near-isogenic lines derived from an interspecific cross between *Oryza sativa* and *Oryza minuta*[J]. Plant Breeding,2013,132(1):70-76.

[66]SUN Q,CAI Y F,ZHU X Y,et al. Molecular cloning and expression analysis of a new WD40 repeat protein gene in upland cotton[J]. Biologia,2012,67(6):1112-1118.

[67]THODAY J M. Location of polygenes[J]. Nature,1961,191:368-370.

[68]KEIGHTLEY P D,BULFIELD G. Detection of quantitative trait loci from frequency changes of marker alleles under selection[J]. Genetics Research,1993,62:195-203.

[69]LANDER E S,BOTSTEIN D. Mapping mendelian factors underlying quantitative traits using RFLP linkage maps[J]. Genetics,1989,121:185-199.

[70]ZENG Z B. Precision mapping for quantitative trait loci[J]. Genetics, 1994, 136(4):1457-1468.

[71]YI N J, YANDELL B S, CHURCHILL G A, et al. Bayesian model selection for genome-wide epistatic quantitative trait loci analysis[J]. Genetics, 2005, 170 (3):1333-1344.

[72]ALPERT K B, TANKSLEY S D. High-resolution mapping and isolation of a yeast artificial chromosome contig containing *fw2.2*: a major fruit weight quantitative trait locus in tomato [J]. Proceedings of the National Academy of Sciences, 1996, 93(26):15503-15507.

[73]LANG N T, BUU B C. Fine mapping for drought tolerance in rice(*Oryza sativa* L.)[J]. Omonrice, 2008, 16:9-15.

[74]ASHRAF M, ATHAR H R, HARRIS P J C, et al. Some prospective strategies for improving crop salt tolerance [J]. Advances in Agronomy, 2008, 97: 45-110.

[75]SARANGA Y, MENZ M, JIANG C X, et al. Genomic dissection of genotype × environment interactions conferring adaptation of cotton to arid conditions[J]. Genome Research, 2001, 11:1988-1995.

[76]LEVI A, OVNAT L, PATERSON A H, et al. Photosynthesis of cotton near-isogenic lines introgressed with QTLs for productivity and drought related traits [J]. Plant Science, 2009, 177(2):88-96.

[77]TEULAT B, MONNEVEUX P, WERY J, et al. Relationships between relative water content and growth parameters under water stress in barley:a QTL study [J]. New Phytologist, 1997, 137(1):99-107.

[78]SANCHEZ A C, SUBUDHI P K, ROSENOW D T, et al. Mapping QTLs associated with drought resistance in sorghum(*Sorghum bicolor* L. Moench)[J]. Plant Molecular Biology, 2002, 48:713-726.

[79]LAFITTE H R, PRICE A H, COURTOIS B. Yield response to water deficit in an upland rice mapping population:associations among traits and genetic markers[J]. Theoretical and Applied Genetics, 2004, 109:1237-1246.

[80]COURTOIS B, SHEN L, PETALCORIN W, et al. Locating QTLs controlling

constitutive root traits in the rice population IAC165 × Co39[J]. Euphytica, 2003,134:335-345.

[81]ZHANG J,ZHENG H G,AARTI A,et al. Locating genomic regions associated with components of drought resistance in rice:comparative mapping within and across species[J]. Theoretical and Applied Genetics,2001,103:19-29.

[82]QU Y Y,MU P,LI X Q,et al. QTL mapping and correlations between leaf water potential and drought resistance in rice under upland and lowland environments [J]. Acta Agronomica Sinica,2008,34(2):198-206.

[83]SARI-GORLA M,KRAJEWSKI P,FONZO N D,et al. Genetic analysis of drought tolerance in maize by molecular markers. II. Plant height and flowering [J]. Theoretical and Applied Genetics,1999,99:289-295.

[84]FU F L,FENG Z L,GAO S B,et al. Evaluation and quantitative inheritance of several drought-relative traits in maize[J]. Agricultural Sciences in China, 2008,7(3):280-290.

[85]GUO Q F,ZHANG J,GAO Q,et al. Drought tolerance through overexpression of monoubiquitin in transgenic tobacco[J]. Journal of Plant Physiology,2008,165 (16):1745-1755.

[86]STEELE K A,PRICE A H,SHASHIDHAR H E,et al. Marker-assisted selection to introgress rice QTLs controlling root traits into an Indian upland rice variety[J]. Theoretical and Applied Genetics,2006,112:208-221.

[87]STEELE K A,VIRK D S,KUMAR R,et al. Field evaluation of upland rice lines selected for QTLs controlling root traits[J]. Field Crops Research,2007,101 (2):180-186.

[88]BERNIER J,KUMAR A,RAMAIAH V,et al. A large-effect QTL for grain yield under reproductive-stage drought stress in upland rice[J]. Crop Science, 2007,47(2):507-516.

[89]RIBAUT J M,RAGOT M. Marker-assisted selection to improve drought adaptation in maize:the backcross approach,perspectives,limitations,and alternatives [J]. Journal of Experimental Botany,2007,58(2):351-360.

[90]BAUM M,GRANDO S,BACKES G,et al. QTLs for agronomic traits in the med-

iterranean environment identified in recombinant inbred lines of the cross 'Arta' ×*H. spontaneum* 41−1[J]. Theoretical and Applied Genetics,2003,107: 1215−1225.

[91]HARRIS K,SUBUDHI P K,BORRELL A,et al. Sorghum stay-green QTL individually reduce post-flowering drought-induced leaf senescence[J]. Journal of Experimental Botany,2007,58(2):327−338.

[92]XIAO J H,LI J M,YUAN L P,et al. Dominance is the major genetic basis of heterosis in rice as revealed by QTL analysis using molecular markers[J]. Genetics,1995,140:745−754.

[93]XIAO J,LI J,YUAN L,et al. Identification of QTLs affecting traits of agronomic importance in a recombinant inbred population derived from a subspecific rice cross[J]. Theoretical and Applied Genetics,1996,92:230−244.

[94]JANTASURIYARAT C,VALES M I,WATSON C J W,et al. Identification and mapping of genetic loci affecting the free-threshing habit and spike compactness in wheat(*Triticum aestivum* L.)[J]. Theoretical and Applied Genetics, 2004,108:261−273.

[95]BLAIR M W,IRIARTE G,BEEBE S. QTL analysis of yield traits in an advanced backcross population derived from a cultivated Andean × wild common bean(*Phaseolus vulgaris* L.) cross [J]. Theoretical and Applied Genetics, 2006,112:1149−1163.

[96]ZHANG W K,WANG Y J,LUO G Z,et al. QTL mapping of ten agronomic traits on the soybean (*Glycine max* L. Merr.)genetic map and their association with EST markers[J]. Theoretical and Applied Genetics,2004,108:1131−1139.

[97]CHAIM A B,PARAN I,GRUBE R C,et al. QTL mapping of fruit-related traits in pepper (Capsicum annuum)[J]. Theoretical and Applied Genetics,2001, 102:1016−1028.

[98]AL−MUKHTAR F A,COYNE D P. Inheritance and association of flower,ovule,seed,pod,and maturity characters in dry edible beans(*Phaseolus vulgaris* L.)[J]. Journal of the American Society for Horticultural Science,1981,106 (6):713−719.

[99] LEYNA H K, KORBAN S S, COYNE D P. Changes in patterns of inheritance of flowering time of dry beans in different environments[J]. Journal of Heredity, 1982,73(4):306-308.

[100] PADDA D S, MUNGER H M. Photoperiod, temperature and genotype interactions affecting time of flowering in beans, *Phaseolus vulgaris* L. [J]. Journal of the American Society for Horticultural Science,1969,94(2):157-160.

[101] KEIM P, DIERS B W, OLSON T C. RFLP mapping in soybean: association between marker loci and variation in quantitative traits[J]. Genetics,1990,126 (3):735-742.

[102] TASMA I M, LORENZEN L L, GREEN D E, et al. Mapping genetic loci for flowering time, maturity and photoperiod insensitivity in soybean[J]. Molecular Breeding,2001,8:25-35.

[103] WANG D, GRAEF G L, PROCOPIUK A M, et al. Identification of putative QTL that underlie yield in interspecific soybean backcross populations[J]. Theoretical and Applied Genetics,2004,108:458-467.

[104] SARAVANAN S, SHANMUGASUNDARAM P, SENTHIL N, et al. Comparison of genetic relatedness among Lablab bean(*Lablab purpureus* L.)sweet genotypes using DNA markers[J]. International Journal of Integrative Biology, 2013,14(1):23-30.

[105] ZHANG G W, XU S C, MAO W H, et al. Development of EST-SSR markers to study genetic diversity in hyacinth bean(*Lablab purpureus* L.)[J]. Plant Omics,2013,6(4):295-301.

[106] ROBOTHAM O, CHAPMAN M. Population genetic analysis of hyacinth bean (*Lablab purpureus*(L.)Sweet,Leguminosae)indicates an East African origin and variation in drought tolerance[J]. Genetic Resources and Crop Evolution, 2017,64:139-148.

[107] RAI N, KUMAR S, SINGH R K, et al. Genetic diversity in Indian bean (*Lablab purpureus*)accessions as revealed by quantitative traits and cross-species transferable SSR markers[J]. Indian Journal of Agricultural Sciences,2016, 86(9):1193-1200.

[108]KONDURI V,GODWIN I D,LIU C J. Genetic mapping of the Lablab purpureus genome suggests the presence of 'cuckoo' gene(s) in this species[J]. Theoretical and Applied Genetics,2000,100:866-871.

[109]HUMPHRY M,KONDURI V,LAMBRIDES C,et al. Development of a mungbean(*Vigna radiata*) RFLP linkage map and its comparison with lablab(*Lablab purpureus*) reveals a high level of colinearity between the two genomes [J]. Theoretical and Applied Genetics,2002,105:160-166.

[110]APUYA N R,FRAZIER B L,KEIM P,et al. Restriction fragment length polymorphisms as genetic markers in soybean,*Glycine max*(L.) merrill[J]. Theoretical and Applied Genetics,1988,75:889-901.

[111]MANSUR L M,ORF J H,CHASE K,et al. Genetic mapping of agronomic traits using recombinant inbred lines of soybean[J]. Crop Science,1996,36 (5):1327-1336.

[112]SHOEMAKER R C,SPECHT J E. Integration of the soybean molecular and classical genetic linkage groups[J]. Crop Science,1995,35(2):436-446.

[113]KEIM P,DIERS B W,OLSON T C,et al. RFLP mapping in soybean:association between marker loci and variation in quantitative traits[J]. Genetics, 1990,126(3):735-742.

[114]CREGAN P B,JARVIK T,BUSH A L,et al. An integrated genetic linkage map of the soybean genome[J]. Crop Science,1999,39(5):1464-1490.

[115]SONG Q J,MAREK L F,SHOEMAKER R C,et al. A new integrated genetic linkage map of the soybean[J]. Theoretical and Applied Genetics,2004,109: 122-128.

[116]CHOI I Y,HYTEN D L,MATUKUMALLI L K,et al. A soybean transcript map:gene distribution,haplotype and single-nucleotide polymorphism analysis [J]. Genetics,2007,176(1):685-696.

[117]SIMON C J,MUEHIBAUER F J. Construction of a chickpea linkage map and its comparison with maps of pea and lentil [J]. Journal of Heredity,1997,88 (2):115-119.

[118] CHOUDHARY S, SETHY N K, SHOKEEN B, et al. Development of

sequence-tagged microsatellite site markers for chickpea(*Cicer arietinum* L.)
[J]. Molecular Ecology Notes,2006,6:93-95.

[119]GAUR R,AZAM S,JEENA G,et al. High-throughput SNP discovery and gen-
otyping for constructing a saturated linkage map of chickpea(*Cicer arietinum*
L.)[J]. DNA Research,2012,19(5):357-373.

[120]MENANCIO-HAUTEA D,FATOKUN C A,KUMAR L,et al. Comparative ge-
nome analysis of mungbean (*Vigna radiata* L. Wilczek) and cowpea (*V. un-
guiculata* L. Walpers) using RFLP mapping data[J]. Theoretical and Ap-
plied Genetics,1993,86:797-810.

[121]XU P,WU X H,WANG B G,et al. A SNP and SSR based genetic map of as-
paragus bean (*Vigna. unguiculata* ssp. *sesquipedialis*) and comparison with
the broader species[J]. Plos one,2011,6(1):e15952.

[122]DIRLEWANGER E,ISAAC P G,RANADE S,et al. Restriction fragment
length polymorphism analysis of loci associated with disease resistance genes
and developmental traits in *Pisum sativum* L[J]. Theoretical and Applied Ge-
netics,1994,88:17-27.

[123]LORIDON K,MCPHEE K,MORIN J,et al. Microsatellite marker polymor-
phism and mapping in pea(*Pisum sativum* L.)[J]. Theoretical and Applied
Genetics,2005,111:1022-1031.

[124]EUJAYL I,BAUM M,POWELL W,et al. A genetic linkage map of lentil
(Lens sp.) based on RAPD and AFLP markers using recombinant inbred
lines[J]. Theoretical and Applied Genetics,1998,97:83-89.

[125]HAMWIEH A,UDUPA S M,CHOUMANE W,et al. A genetic linkage map of
Lens sp. based on microsatellite and AFLP markers and the localization of fu-
sarium vascular wilt resistance[J]. Theoretical and Applied Genetics,2005,
110:669-677.

[126]YANG T,JIANG J Y,ZHANG H Y,et al. Density enhancement of a faba bean
genetic linkage map (*Vicia faba*) based on simple sequence repeats markers
[J]. Plant Breeding,2019,138(2):207-215.

[127]HUANG J Y,JIE Z J,WANG L J,et al. Analysis of the differential expression

of the genes related to *Brassica napus* seed development[J]. Molecular Biology Reports,2011,38:1055-1061.

[128]SOLER M,SERRA O,FLUCH S,et al. A potato skin SSH library yields new candidate genes for suberin biosynthesis and periderm formation[J]. Planta, 2011,233:933-945.

[129]ZHANG X,ZHEN J B,LI Z H,et al. Expression profile of early responsive genes under salt stress in upland cotton (*Gossypium hirsutum* L.)[J]. Plant Molecular Biology Reporter,2011,29:626-637.

[130]ZOU X L,JIANG Y Y,LIU L,et al. Identification of transcriptome induced in roots of maize seedlings at the late stage of waterlogging[J]. BMC Plant Biology,2010,10:189.

[131]DEOKAR A A,KONDAWAR V,JAIN P K,et al. Comparative analysis of expressed sequence tags(ESTs) between drought-tolerant and -susceptible genotypes of chickpea under terminal drought stress[J]. BMC Plant Biology, 2011,11:70.

[132]PADMANABHAN P,SAHI S V. Suppression subtractive hybridization reveals differential gene expression in sunflower grown in high P[J]. Plant Physiology and Biochemistry,2011,49(6):584-591.

[133]HIRAO T,FUKATSU E,WATANABE A. Characterization of resistance to pine wood nematode infection in *Pinus thunbergii* using suppression subtractive hybridization[J]. BMC Plant Biology,2012,12:13.

[134]TIRUMALARAJU S V,JAIN M,GALLO M. Differential gene expression in roots of nematode-resistant and -susceptible peanut(*Arachis hypogaea*) cultivars in response to early stages of peanut root-knot nematode(*Meloidogyne arenaria*) parasitization[J]. Journal of Plant Physiology,2011, 168(5):481-492.

[135]PAZ-ARES J,GHOSAL D,WIENAND U,et al. The regulatory c1 locus of *Zea mays* encodes a protein with homology to myb proto-oncogene products and with structural similarities to transcriptional activators[J]. The EMBO Journal, 1987, 6(12): 3553-3558.

[136] RIECHMANN J L, HEARD J, MARTIN G, et al. *Arabidopsis* transcription factors: genome-wide comparative analysis among eukaryotes[J]. Science, 2000, 290(5499): 2105-2110.

[137] SIMON M, LEE M M, LIN Y, et al. Distinct and overlapping roles of single-repeat MYB genes in root epidermal patterning[J]. Developmental Biology, 2007, 311(2): 566-578.

[138] TIWARI S B, BELACHEW A, MA S F, et al. The EDLL motif: a potent plant transcriptional activation domain from AP2/ERF transcription factors[J]. The Plant Journal, 2012, 70(5): 855-865.

[139] HAO Y J, SONG Q X, CHEN H W, et al. Plant NAC-type transcription factor proteins contain a NARD domain for repression of transcriptional activation [J]. Planta, 2010, 232: 1033-1043.

[140] KIM M J, KIM J. Identification of nuclear localization signal in *ASYMMETRIC LEAVES*2 - *LIKE*18/*LATERAL ORGAN BOUNDARIES DOMAIN*16 (*ASL*18/*LBD*16) from *Arabidopsis*[J]. Journal of Plant Physiology, 2012, 169(12): 1221-1226.

[141] MITSUDA N, OHME-TAKAGI M. Functional analysis of transcription factors in *Arabidopsis*[J]. Plant and Cell Physiology, 2009, 50(7): 1232-1248.

[142] OGATA K, KANEI-ISHII C, SASAKI M, et al. The cavity in the hydrophobic core of Myb DNA-binding domain is reserved for DNA recognition and *trans*-activation[J]. Nature Structural & Molecular Biology, 1996, 3: 178-187.

[143] STRACKE R, ISHIHARA H, HUEP G, et al. Differential regulation of closely related R2R3-MYB transcription factors controls flavonol accumulation in different parts of the *Arabidopsis thaliana* seedling[J]. The Plant Journal, 2007, 50(4): 660-677.

[144] GONZALEZ A, ZHAO M Z, LEAVITT J M, et al. Regulation of the anthocyanin biosynthetic pathway by the TTG1/bHLH/Myb transcriptional complex in *Arabidopsis* seedlings[J]. The Plant Journal, 2008, 53(5): 814-827.

[145] LEPINIEC L, DEBEAUJON I, ROUTABOUL J M, et al. Genetics and biochemistry of seed flavonoids[J]. Annual Review of Plant Biology, 2006, 57:

405-430.

[146]SCHAART J G,DUBOS C, DE LA FUENTE I R,et al. Identification and characterization of MYB-bHLH-WD40 regulatory complexes controlling proanthocyanidin biosynthesis in strawberry(*Fragaria × ananassa*) fruits[J]. New Phytologist,2013,197(2):454-467.

[147]PRESTON J, WHEELER J, HEAZLEWOOD J, et al. AtMYB32 is required for normal pollen development in *Arabidopsis thaliana*[J]. The Plant Journal, 2004, 40(6): 979-995.

[148]ZHONG R Q,LEE C H,ZHOU J L,et al. A battery of transcription factors involved in the regulation of secondary cell wall biosynthesis in *Arabidopsis*[J]. The Plant Cell,2008,20(10):2763-2782.

[149] GIGOLASHVILI T, ENGQVIST M, YATUSEVICH R, et al. HAG2/MYB76 and HAG3/MYB29 exert a specific and coordinated control on the regulation of aliphatic glucosinolate biosynthesis in *Arabidopsis thaliana*[J]. New Phytologist,2008,177(3):627-642.

[150]KANG Y H,KIRIK V,HULSKAMP M,et al. The *MYB*23 gene provides a positive feedback loop for cell fate specification in the *Arabidopsis* root epidermis [J]. The Plant Cell,2009,21(4):1080-1094.

[151]WALFORD S A,WU Y R,LLEWELLYN D J,et al. Epidermal cell differentiation in cotton mediated by the homeodomain leucine zipper gene, *GhHD* - 1 [J]. The Plant Journal,2012,71(3):464-478.

[152]LAI L B, NADEAU J A, LUCAS J, et al. The *Arabidopsis* R2R3 MYB proteins FOUR LIPS and MYB88 restrict divisions late in the stomatal cell lineage[J]. The Plant Cell,2005,17(10):2754-2767.

[153]MAKKENA S,LEE E,SACK F D,et al. The R2R3 MYB transcription factors FOUR LIPS and MYB88 regulate female reproductive development[J]. Journal of Experimental Botany,2012,63(15):5545-5558.

[154]ZHANG H,LIANG W Q,YANG X J,et al. *Carbon starved anther* encodes a MYB domain protein that regulates sugar partitioning required for rice pollen development[J]. The Plant Cell,2010,22(3):672-689.

[155]PHAN H A,IACUONE S,LI S F,et al. The MYB80 transcription factor is required for pollen development and the regulation of tapetal programmed cell death in *Arabidopsis thaliana*[J]. The Plant Cell,2011,23(6):2209-2224.

[156]ZHANG Z Y,LIU X,WANG X D,et al. An R2R3 MYB transcription factor in wheat,TaPIMP1,mediates host resistance to *Bipolaris sorokiniana* and drought stresses through regulation of defense- and stress-related genes[J]. New Phytologist,2012,196(4):1155-1170.

[157]AGARWAL M,HAO Y J,KAPOOR A,et al. A R2R3 type MYB transcription factor is involved in the cold regulation of CBF genes and in acquired freezing tolerance[J]. Journal of Biological Chemistry,2006,281(49):37636-37645.

[158]LIAO Y,ZOU H F,WEI W,et al. Soybean *GmbZIP*44,*GmbZIP*62 and *GmbZIP*78 genes function as negative regulator of ABA signaling and confer salt and freezing tolerance in transgenic *Arabidopsis*[J]. Planta,2008,228:225-240.

[159]SU C F,WANG Y C,HSIEH T H,et al. A novel MYBS3-dependent pathway confers cold tolerance in rice[J]. Plant Physiology,2010,153(1):145-158.

[160]FELLER A,MACHEMER K,BRAUN E L,et al. Evolutionary and comparative analysis of MYB and bHLH plant transcription factors[J]. The Plant Journal,2011,66(1):94-116.

[161]CAI H S,TIAN S,LIU C L,et al. Identification of a *MYB3R* gene involved in drought,salt and cold stress in wheat(*Triticum aestivum* L.)[J]. Gene,2011,485(2):146-152.

[162]DAI X Y,XU Y Y,MA Q B,et al. Overexpression of an R1R2R3 MYB gene,*OsMYB3R*-2,increases tolerance to freezing,drought,and salt stress in transgenic *Arabidopsis*[J]. Plant Physiology,2007,143(4):1739-1751.

[163]MA Q B,DAI X Y,XU Y Y,et al. Enhanced tolerance to chilling stress in *OsMYB3R*-2 transgenic rice is mediated by alteration in cell cycle and ectopic expression of stress genes[J]. Plant Physiology,2009,150(1):244-256.

[164]ZHENG Y M,REN N,WANG H,et al. Global identification of targets of the *Arabidopsis* MADS domain protein AGAMOUS-Like15[J]. The Plant Cell,2009,21(9):2563-2577.

[165]KOSHINO-KIMURA Y,WADA T,TACHIBANA T,et al. Regulation of *CA-PRICE* transcription by MYB proteins for root epidermis differentiation in *Arabidopsis*[J]. Plant and Cell Physiology,2005,46(6):817-826.

[166]RAY J D,SINCLAIR T R. The effect of pot size on growth and transpiration of maize and soybean during water deficit stress[J]. Journal of Experimental Botany,1998,49(325):1381-1386.

[167]KASHIWAGI J, KRISHNAMURTHY L, UPADHYAYA H D, et al. Genetic variability of drought-avoidance root traits in the mini-core germplasm collection of chickpea(*Cicer arietinum* L.)[J]. Euphytica,2005,146:213-222.

[168]KIJOJI A A,NCHIMBI-MSOLLA S,KANYEKA Z L,et al. Water extraction and root traits in *Oryza sativa×Oryza glaberrima* introgression lines under different soil moisture regimes[J]. Functional Plant Biology,2012,40(1):54-66.

[169]SIGNORELLI S,CORPAS F J,BORSANI O,et al. Water stress induces a differential and spatially distributed nitro-oxidative stress response in roots and leaves of *Lotus japonicus*[J]. Plant Science,2013,201-202:137-146.

[170]BELKHEIRI O,MULAS M. The effects of salt stress on growth,water relations and ion accumulation in two halophyte *Atriplex* species[J]. Environmental and Experimental Botany,2013,86:17-28.

[171]SHI H T,WANG Y P,CHENG Z M,et al. Analysis of natural variation in bermudagrass (*Cynodon dactylon*) reveals physiological responses underlying drought tolerance[J]. Plos one,2012,7(12):e53422.

[172]VALIFARD M,MORADSHAHI A,KHOLDEBARIN B. Biochemical and physiological responses of two wheat(*Triticum aestivum* L.) cultivars to drought stress applied at seedling stage[J]. Journal of Agricultural Science and Technology,2012,14:1567-1578.

[173]MIRZAEE M,MOIENI A,GHANATI F. Effects of drought stress on the lipid peroxidation and antioxidant enzyme activities in two canola(*Brassica napus* L.) cultivars[J]. Journal of Agricultural Science and Technology,2013,15:593-602.

［174］LANDER E S,GREEN P,ABRAHAMSON J,et al. MAPMAKER:an interactive computer package for constructing primary genetic linkage maps of experimental and natural populations［J］. Genomics,1987,1(2):174-181.

［175］KUMAR N,KULWAL P L,BALYAN H S,et al. QTL mapping for yield and yield contributing traits in two mapping populations of bread wheat［J］. Molecular Breeding,2007,19:163-177.

［176］KAGA A,OHNISHI M,ISHII T,et al. A genetic linkage map of azuki bean constructed with molecular and morphological markers using an interspecific population(*Vigna angularis* × *V. nakashimae*)［J］. Theoretical and Applied Genetics,1996,93:658-663.

［177］CHU L W,ZHAO P,HUANG X Q,et al. Genetic analysis of seed coat colour in adzuki bean(*Vigna angularis* L.)［J］. Plant Genetic Resources,2021,19(1):67-73.

［178］DIJKHUIZEN A,MEGLIC V,STAUB J E,et al. Linkages among RFLP, RAPD,isozyme,disease-resistance,and morphological markers in narrow and wide crosses of cucumber［J］. Theoretical and Applied Genetics,1994,89:42-48.

［179］LIU C J. Genetic diversity and relationships among *Lablab purpureus* genotypes evaluated using RAPD as markers［J］. Euphytica,1996,90:115-119.

［180］VOGL C,XU S Z. Multipoint mapping of viability and segregation distorting loci using molecular markers［J］. Genetics,2000,155(3):1439-1447.

［181］VILLALTA I,BERNET G P,CARBONELL E A,et al. Comparative QTL analysis of salinity tolerance in terms of fruit yield using two solanum populations of F_7 lines［J］. Theoretical and Applied Genetics,2007,114:1001-1017.

［182］FRARY A,DOGANLAR M,DAUNAY M C. QTL analysis of morphological traits in eggplant and implications for conservation of gene function during evolution of solanaceous species［J］. Theoretical and Applied Genetics,2003,107:359-370.

［183］HE X L,ZHANG J Z. Toward a molecular understanding of pleiotropy［J］. Genetics,2006,173(4):1885-1891.

[184] KAO C H, ZENG Z B. Modeling epistasis of quantitative trait loci using cockerham's model[J]. Genetics, 2002, 160(3): 1243-1261.

[185] YANDELL B S, MEHTA T, BANERJEE S, et al. R/qtlbim: QTL with bayesian interval mapping in experimental crosses[J]. Bioinformatics, 2007, 23(5): 641-643.

[186] JIANG G H, HE Y Q, XU C G, et al. The genetic basis of stay-green in rice analyzed in a population of doubled haploid lines derived from an *indica* by *japonica* cross[J]. Theoretical and Applied Genetics, 2004, 108: 688-698.

[187] WANG B H, GUO W Z, ZHU X F, et al. QTL mapping of fiber quality in an elite hybrid derived-RIL population of upland cotton[J]. Euphytica, 2006, 152: 367-378.

[188] XING Y, TAN Y, HUA J, et al. Characterization of the main effects, epistatic effects and their environmental interactions of QTLs on the genetic basis of yield traits in rice[J]. Theoretical and Applied Genetics, 2002, 105: 248-257.

[189] MAASS B L, JAMNADASS R H, HANSON J, et al. Determining sources of diversity in cultivated and wild *Lablab purpureus* related to provenance of germplasm by using amplified fragment length polymorphism[J]. Genetic Resources and Crop Evolution, 2005, 52: 683-695.

[190] RAI N, SINGH P K, RAI A C, et al. Genetic diversity in Indian bean (*Lablab purpureus*) germplasm based on morphological traits and RAPD markers[J]. Indian Journal of Agricultural Sciences, 2011, 81(9): 801-806.

[191] WANG M L, MORRIS J B, BARKLEY N A, et al. Evaluation of genetic diversity of the USDA *Lablab purpureus* germplasm collection using simple sequence repeat markers[J]. The Journal of Horticultural Science and Biotechnology, 2007, 82(4): 571-578.

[192] YAO L M, ZHANG L D, HU Y L, et al. Characterization of novel soybean derived simple sequence repeat markers and their transferability in hyacinth bean [*Lablab purpureus* (L.) Sweet][J]. Indian Journal of Genetics and Plant Breeding, 2012, 72(1): 46-53.

[193] HWANG T Y, SAYAMA T, TAKAHASHI M, et al. High-density integrated linkage map based on SSR markers in soybean[J]. DNA Research, 2009, 16 (4): 213-225.

[194] KIMANI E N, WACHIRA F N, KINYUA M G. Molecular diversity of kenyan lablab bean [*Lablab purpureus* (L.) Sweet] accessions using amplified fragment length polymorphism markers[J]. American Journal of Plant Sciences, 2012, 3: 313-321.

[195] ZHANG G W, XU S C, MAO W H, et al. Development of EST-SSR markers to study genetic diversity in hyacinth bean(*Lablab purpureus* L.)[J]. Plant omics, 2013, 6(4): 295-301.

[196] GARCIA R A, RANGEL P N, BRONDANI C, et al. The characterization of a new set of EST-derived simple sequence repeat(SSR) markers as a resource for the genetic analysis of *Phaseolus vulgaris*[J]. BMC Genetics, 2011, 12: 41.

[197] GUPTA S, PRASAD M. Development and characterization of genic SSR markers in *Medicago truncatula* and their transferability in leguminous and non-leguminous species[J]. Genome, 2009, 52: 761-771.

[198] KUMAR N, KULWAL P L, BALYAN H S, et al. QTL mapping for yield and yield contributing traits in two mapping populations of bread wheat[J]. Molecular Breeding, 2007, 19: 163-177.

[199] JAIN S, KUMAR A, MAMIDI S, et al. Genetic diversity and population structure among pea(*Pisum sativum* L.) cultivars as revealed by simple sequence repeat and novel genic markers [J]. Molecular Biotechnology, 2014, 56: 925-938.

[200] GWAG J G, DIXIT A, PARK Y J, et al. Assessment of genetic diversity and population structure in mungbean [J]. Genes & Genomics, 2010, 32: 299-308.

[201] LIU C J. Genetic diversity and relationships among *Lablab purpureus* genotypes evaluated using RAPD as markers[J]. Euphytica, 1996, 90: 115-119.

[202] VARSHNEY R K, GRANER A, SORRELLS M E. Genomics-assisted breeding for crop improvement[J]. Trends in Plant Science, 2005, 10(12): 621-630.

[203] LI G, GAO M, YANG B, et al. Gene for gene alignment between the *Brassica* and *Arabidopsis* genomes by direct transcriptome mapping[J]. Theoretical and Applied Genetics, 2003, 107:168-180.

[204] PERTEA G, HUANG X Q, LIANG F, et al. TIGR gene indices clustering tools (TGICL): a software system for fast clustering of large EST datasets[J]. Bioinformatics, 2003, 19(5):651-652.

[205] VILLALTA I, BERNET G P, CARBONELL E A, et al. Comparative QTL analysis of salinity tolerance in terms of fruit yield using two solanum populations of F_7 lines[J]. Theoretical and Applied Genetics, 2007, 114:1001-1017.

[206] AGARWAL M, SHRIVASTAVA N, PADH H. Advances in molecular marker techniques and their applications in plant sciences[J]. Plant Cell Reports, 2008, 27:617-631.

[207] WANG M L, CHEN Z B, BARKLEY N A, et al. Characterization of seashore paspalum(*Paspalum vaginatum* Swartz) germplasm by transferred SSRs from wheat, maize and sorghum[J]. Genetic Resources and Crop Evolution, 2006, 53:779-791.

[208] ELAZREG H, GHARIANI S, CHTOUROU-GHORBEL N, et al. SSRs transferability and genetic diversity of Tunisian *Festuca arundinacea* and *Lolium perenne*[J]. Biochemical Systematics and Ecology, 2011, 39(2):79-87.

[209] GAUR P M, KRISHNAMURTHY L, KASHIWAGI J. Improving drought-avoidance root traits in chickpea(*Cicer arietinum* L.)-current status of research at ICRISAT[J]. Plant Production Science, 2008, 11(1):3-11.

[210] GHIMIRE K H, QUIATCHON L A, VIKRAM P, et al. Identification and mapping of a QTL ($qDTY_{1.1}$) with a consistent effect on grain yield under drought[J]. Field Crops Research, 2012, 131:88-96.

[211] LORENZ W W, ALBA R, YU Y S, et al. Microarray analysis and scale-free gene networks identify candidate regulators in drought-stressed roots of loblolly pine(*P. taeda* L.)[J]. BMC Genomics, 2011, 12:264.

[212] LATA C, BHUTTY S, BAHADUR R P, et al. Association of an SNP in a novel DREB2-like gene *SiDREB2* with stress tolerance in foxtail millet[*Setaria ital-*

ica(L.)][J]. Journal of Experimental Botany,2011,62(10):3387-3401.

[213]WANG Y H,WAN L Y,ZHANG L X,et al. An ethylene response factor Os-WR$_1$ responsive to drought stress transcriptionally activates wax synthesis related genes and increases wax production in rice[J]. Plant Molecular Biology, 2012,78:275-288.

[214]SHIN D J,MOON S J,HAN S,et al. Expression of *StMYB*1*R*-1,a novel potato single MYB-like domain transcription factor,increases drought tolerance[J]. Plant Physiology,2011,155(1):421-432.

[215]PURANIK S,BAHADUR R P,SRIVASTAVA P S,et al. Molecular cloning and characterization of a membrane associated NAC family gene,*SiNAC* from foxtail millet[*Setaria italica* (L.) P. Beauv.] [J]. Molecular Biotechnology, 2011,49:138-150.

[216]SCHMITTGEN T D,LIVAK K J. Analyzing real-time PCR data by the comparative C$_T$ method[J]. Nature Protocols,2008,3:1101-1108.

[217]LETUNIC I,COPLEY R R,PILS B,et al. SMART 5:domains in the context of genomes and networks[J]. Nucleic Acids Research,2006,34:D257-D260.

[218]TAMURA K,DUDLEY J,NEI M,et al. MEGA4:molecular evolutionary genetics analysis(MEGA) software version 4.0[J]. Molecular Biology and Evolution,2007,24(8):1596-1599.

[219]WANG S C,LIANG D,SHI S G,et al. Isolation and characterization of a novel drought responsive gene encoding a glycine-rich RNA-binding protein in *Malus prunifolia*(Willd.) Borkh. [J]. Plant Molecular Biology Reporter,2011, 29:125-134.

[220]BAE H,KIM S K,CHO S K,et al. Overexpression of *OsRDCP*1,a rice RING domain-containing E3 ubiquitin ligase,increased tolerance to drought stress in rice(*Oryza sativa* L.)[J]. Plant Science,2011,180(6):775-782.

[221]PENG H,YU X W,CHENG H Y,et al. Cloning and characterization of a novel NAC Family gene *CarNAC*1 from Chickpea(*Cicer arietinum* L.)[J]. Molecular Biotechnology,2010,44:30-40.

[222]KIM S G,YON F,GAQUEREL E,et al. Tissue specific diurnal rhythms of me-

tabolites and their regulation during herbivore attack in a native tobacco, *Nicotiana attenuata*[J]. Plos one,2011,6(10):e26214.

[223]BALLIZANY W L,HOFMANN R W,JAHUFER M Z Z,et al. Multivariate associations of flavonoid and biomass accumulation in white clover(*Trifolium repens*) under drought[J]. Functional Plant Biology,2012,39(2):167-177.

[224]VANHEE C,ZAPOTOCZNY G,MASQUELIER D,et al. The *Arabidopsis* multistress regulator TSPO is a heme binding membrane protein and a potential scavenger of porphyrins via an autophagy-dependent degradation mechanism [J]. The Plant Cell,2011,23(2):785-805.

[225]SAINI S,SHARMA I,KAUR N,et al. Auxin:a master regulator in plant root development[J]. Plant Cell Reports,2013,32:741-757.

[226]PARIDA A K, JHA B. Physiological and biochemical responses reveal the drought tolerance efficacy of the halophyte *salicornia brachiata*[J]. Journal of Plant Growth Regulation,2013,32:342-352.

[227]LIAO Y,ZOU H F,WANG H W,et al. Soybean *GmMYB*76,*GmMYB*92,and *GmMYB*177 genes confer stress tolerance in transgenic *Arabidopsis* plants[J]. Cell Research,2008,18:1047-1060.

[228]DOCIMO T,MATTANA M,FASANO R,et al. Ectopic expression of the *Osmyb*4 rice gene enhances synthesis of hydroxycinnamic acid derivatives in tobacco and clary sage[J]. Biologia Plantarum,2013,57:179-183.

[229]COLQUHOUN T A,KIM J Y,WEDDE A E,et al. *PhMYB*4 fine-tunes the floral volatile signature of *Petunia×hybrida* through *PhC4H*[J]. Journal of Experimental Botany,2011,62(3):1133-1143.

[230]GANESAN G,SANKARARAMASUBRAMANIAN H M,HARIKRISHNAN M, et al. A MYB transcription factor from the grey mangrove is induced by stress and confers NaCl tolerance in tobacco[J]. Journal of Experimental Botany, 2012,63(12):4549-4561.

[231]TOMBULOGLU H, KEKEC G, SAKCALI M S, et al. Transcriptome-wide identification of R2R3-MYB transcription factors in barley with their boron responsive expression analysis[J]. Molecular Genetics and Genomics, 2013,

288:141-155.

[232]HEGVOLD A B,GABRIELSEN O S. The importance of the linker connecting the repeats of the c-myb oncoprotein may be due to a positioning function [J]. Nucleic Acids Research,1996,24(20):3990-3995.

[233]AGARWAL P K,JHA B. Transcription factors in plants and ABA dependent and independent abiotic stress signalling[J]. Biologia Plantarum,2010,54: 201-212.

[234]YOKOTANI N,ICHIKAWA T,KONDOU Y,et al. Role of the rice transcription factor JAmyb in abiotic stress response[J]. Journal of Plant Research, 2013,126:131-139.

[235]KAJIKAWA M,MORIKAWA K,ABE Y,et al. Establishment of a transgenic hairy root system in wild and domesticated watermelon(*Citrullus lanatus*) for studying root vigor under drought[J]. Plant Cell Reports,2010,29:771-778.

附　录

附表 1　重要缩略词表

缩写	英文全称	中文全称
Ade	adenine	腺嘌呤
AFLP	amplified fragment length polymorphism	扩增片段长度多态性
BLAST	basic local alignment search tool	局部序列排比检索基本工具
bp	base pair	碱基对
CAPS	cleaved amplified polymorphic sequence	酶切扩增多态性序列
CAT	catalase	过氧化氢酶
cDNA	complementary DNA	互补脱氧核糖核酸
DBD	DNA - binding domain	DNA 结合域
DH	double haploid	双单倍体
DNA	deoxyribonucleic acid	脱氧核糖核酸
EST	expressed sequence tag	表达序列标签
GO	gene ontology	基因本体
GR	glutathione reductase	谷胱甘肽还原酶
GSP	gene specific primer	基因特异性引物
MDA	malondialdehyde	丙二醛
MRL	maximum root length	最大根系长度
NADPH	reduced nicotinamide adenine dinucleotide phosphate	还原型烟酰胺腺嘌呤二核苷酸磷酸
NLS	nuclear localization signal	核定位信号
ORF	open reading frame	开放阅读框

续表

缩写	英文全称	中文全称
PAGE	polyacrylamide gel electrophoresis	聚丙烯酰胺凝胶电泳
PCR	polymerase chain reaction	聚合酶链式反应
PEG	polyethylene glycol	聚乙二醇
POD	peroxidase	过氧化物酶
QTL	quantitative trait locus	数量性状基因座
RACE	rapid amplification of cDNA end	cDNA 末端快速扩增法
RAPD	random amplified polymorphic DNA	随机扩增多态性 DNA
RDW	root dry weight	根系干重
REMAP	retrotransposon microsatellite amplified polymorphism	逆转录转座子微卫星扩增多态性
RFLP	restriction fragment length polymorphism	限制性片段长度多态性
RFW	root fresh weight	根系鲜重
RNA	ribonucleic acid	核糖核酸
RWC	relative water content	相对含水量
SCAR	sequence characterized amplified region	序列特异扩增标记
SNP	single nucleotide polymorphism	单核苷酸多态性
SOD	superoxide dismutase	超氧化物歧化酶
SRAP	sequence related amplified polymorphism	相关序列扩增多态性
SSH	suppression subtractive hybridization	抑制消减杂交

续表

缩写	英文全称	中文全称
SSR	simple sequence repeat	简单序列重复
STS	sequence tagged site	序列标签位点
TEMED	N,N,N′,N′-tetramethylethylenediamine	N,N,N′,N′-四甲基乙二胺
VNTR	variable number of tandem repeat	可变数目串联重复序列
FARL	floral axis rachis length	花轴长度
IL	inflorescence length	花序长度
PAA	peduncle from axis to axillae	花序至叶腋的花梗长度
PAFF	peduncle from axillae to first flower	叶腋到第1朵花的花梗长度
PEF	peduncle between extremity flowers	花序两端花间的花梗长度
NI	node of inflorescence	花序节数
RIL	rachis internode length	花节间距
NFI	node of the first inflorescence	初花节位
NLI	node of the lowest inflorescence	最低花节
Ps	pigmentation of stem	茎色
Ppe	pigmentation of petiole	叶柄色
PV	pigmentation of vein	叶脉色
Pl	pigmentation of leaf	叶色
Pb	pigmentation of bract	苞叶色
Cl	comous leaf	长叶毛

续表

缩写	英文全称	中文全称
Fc	flower colour	花色
Pp	pigmentation of pod	荚色
Scc	seed coat colour	籽粒色
PL	pod length	荚长度
PD	pod diameter	荚宽度
PFT	pod flesh thickness	荚厚度
PA	pod area	荚面积
PV	pod volume	荚体积
FT	flowering time	开花期
PT	podding time	结荚期
HMP	harvest maturity period	成熟期
QEs	QTL by environment interactions	QTL 与环境互作效应
NIL	near isogenic line	近等基因系
ISSR	inter-simple sequence repeat	简单重复序列中间区域标记
His	histidine	组氨酸
Trp	tryptophan	色氨酸
qPCR	quantitative PCR	定量聚合酶链反应